Un poison nommé saumon

MAXIME CARSEL

UN POISON NOMMÉ SAUMON

ENQUÊTE SUR UNE INDUSTRIE DÉVASTATRICE

Préface de Paul Watson

éditions du
ROCHER

Un ouvrage publié sous la direction
de Christian Duplan.

Éditions du Rocher
28, rue Comte Félix Gastaldi – BP 521 – 98015 Monaco

www.editionsdurocher.fr

ISBN : 978-2-268-11242-8
EAN Epub : 9782268112657

PRÉFACE

Par Paul Watson

En 2015, j'ai lancé une campagne en partenariat avec la biologiste marine Alexandra Morton pour dénoncer le risque de transmission zoonotique du virus du saumon d'élevage au saumon indigène le long de la côte de la Colombie-Britannique. Cette campagne s'intitulait « Operation Virus Hunter » (Opération chasseur de virus).

L'industrie de la salmoniculture et le ministère canadien des Pêches et des Océans ont tenté de discréditer les recherches de Mme Morton, et tout scientifique employé par le gouvernement qui soutenait ses travaux a été censuré ou licencié.

Exposer publiquement les dommages écologiques causés par la salmoniculture au Canada revient à accorder au gouvernement fédéral canadien le pouvoir de condamner et de discréditer les chercheurs, même lorsque les procès contre l'industrie sont gagnés et que les preuves sont présentées conformément aux règles objectives de la science.

Tout scientifique employé par le ministère canadien des Pêches et des Océans (MPO) qui s'exprime est licencié. Ceux qui restent sont les serviteurs soumis de l'industrie que j'ai qualifiés de « biostituts ».

Les eaux du Pacifique ont été envahies par un prédateur étranger venu de l'océan Atlantique qui y répand des maladies, des parasites, des antibiotiques, des produits chimiques mortels et des excréments concentrés, dans les écosystèmes où ils n'ont pas leur place.

Cette invasion empoisonne les eaux de la côte de la Colombie-Britannique, de la Tasmanie et du Chili.

Si je plaçais des piranhas d'Amazonie dans un lac ou une rivière d'Amérique du Nord ou d'Europe, ce serait considéré comme un crime, et à juste titre, car l'introduction d'un prédateur exotique peut avoir des conséquences extrêmement destructrices.

Alors qu'est-ce qui fait qu'un grand prédateur exotique de l'Atlantique puisse être élevé dans les eaux du Pacifique ?

La réponse est très simple : l'argent et la politique.

Les élevages de saumon sont rentables. C'est une industrie qui vaut des milliards de dollars et dont le succès commercial est attesté par les quantités massives de saumons qui inondent les marchés mondiaux du poisson. Le saumon est bon marché et abondant.

Les élevages de saumon créent des emplois et les hommes politiques soutiennent toute industrie, aussi destructrice soit-elle, dès lors que les emplois offerts se traduisent par des votes.

Et il n'y a pas que dans le Pacifique que le saumon est nuisible. Le saumon est toxique même lorsqu'il est élevé dans les eaux atlantiques de Norvège, d'Écosse et des îles Féroé.

Le seul endroit où l'on trouve encore une population de saumon indigène saine et prospère est l'Alaska, où les élevages de saumon sont interdits.

L'utilisation intensive de produits chimiques et d'antibiotiques est essentielle dans les élevages de saumon pour lutter contre les parasites et la transmission zoonotique de virus aux populations de saumon indigène.

Des super chalutiers sillonnent les mers du monde, principalement dans l'océan Austral, pour capturer un demi-million de tonnes de krill par an afin de les transformer en une pâte protéinée à mélanger avec du soja et d'autres matières pour nourrir ces prédateurs voraces élevés en captivité.

Des super chalutiers géants néerlandais rôdent le long des côtes de l'Afrique de l'Ouest et au large des côtes françaises, britanniques et irlandaises pour capturer les petits poissons afin de les transformer en farine de poisson pour les animaux d'élevage, y compris les élevages de saumon.

Environ 40 % de tous les poissons pêchés commercialement ne sont pas consommés.

Ces installations flottantes sont devenues une bombe écologique à retardement qui menace la diversité et l'interdépendance des espèces dans des écosystèmes où elles n'ont pas leur place.

Après avoir lutté contre les élevages de saumon pendant les trente dernières années, j'estime que ces installations représentent une agression criminelle contre le monde naturel.

En 2019, lors d'une interview accordée à la lettre d'information du secteur Intrafish, j'ai déclaré : « L'élevage de saumon est une industrie invasive, non durable, qui empoisonne les consommateurs et détruit les écosystèmes marins. »

Lorsque l'on m'a demandé ce que nous comptions faire à ce sujet, j'ai répondu : « Nous devons continuer à être implacables, bruyants, intrusifs et inébranlables en continuant à nous opposer à ce crime écologique majeur contre l'humanité. »

Partout dans le monde, des militants se montrent infatigables, bruyants, intrusifs et inébranlables et font bouger les choses. Alex Morton en Colombie-Britannique, Bob Brown en Tasmanie, Don Staniford en Écosse et des journalistes comme Maxime Carsel avec ce livre important, *Un poison nommé saumon.*

Le titre transmet l'information la plus importante dont les consommateurs ont besoin : le saumon d'élevage est un produit toxique. C'est un poison, non seulement pour les personnes qui le consomment, mais aussi pour les écosystèmes marins partout où sont installées ces abominations contre nature qui propagent des maladies et sont polluées par des produits chimiques, des antibiotiques et des matières fécales.

Paul Watson,
co-fondateur de Greenpeace,
fondateur de Sea Shepherd

INTRODUCTION

Au sommet du classement des poissons préférés des Français, depuis des années, le saumon demeure intouchable. Autrefois maître incontesté des plats de fête, il est devenu peu à peu un aliment consommé quotidiennement, que l'on retrouve dans la plupart des restaurants, brasseries, bistrots, cantines ou hôpitaux.

Chaque Français en consomme plus de quatre kilos par an en moyenne. Les reportages, les documentaires et les articles de journaux sur la filière du saumon sont légion depuis une vingtaine d'années et nous alertent sur les problèmes engendrés par cette surconsommation.

« Envoyé Spécial » avait frappé fort en 2013 en révélant que le saumon d'élevage était cinq fois plus toxique que le saumon sauvage, car il contenait beaucoup plus de polluants. Huit ans plus tard, en 2021, les images de l'émission « Sur Le Front » diffusée sur France 5, qui montraient les palettes de couleurs de saumons selon les envies et les goûts des consommateurs, avaient marqué les esprits.

Cela n'a pas empêché le poisson à la chair rose de continuer à cartonner dans nos assiettes : le marché du saumon en France devrait connaître une croissance de 5,7 % jusqu'en 2031 pour un marché de 928,77 millions de dollars en 2024.

Le lanceur d'alerte écossais Don Staniford compte parmi ceux qui ont un œil rivé continuellement sur les fermes à saumons. Il filme et diffuse avec pugnacité ce qui se passe sous l'eau, à l'abri des regards. C'est à partir du visionnage de l'une de ses vidéos que l'idée de reconstituer la globalité de l'histoire de la production du saumon est née. Car, malgré la demande exponentielle de ce poisson en France, aucun ouvrage sur le sujet n'a été publié.

Avant cela, c'est Julien Moreau, un ami français vivant au nord de l'Écosse, qui m'avait raconté comment il ramassait seul les déchets plastiques sur les plages désertiques, et ce qu'il collectait chaque jour des tuyaux émanant des cages à saumons qui n'avaient pas résisté aux tempêtes et dont les morceaux suivaient les courants.

La fabrique à saumons fonctionne à plein tube et grossit à vue d'œil d'année en année. Une croissance folle qui parvient même à étouffer le cri des défenseurs de la nature.

Il était donc temps de faire une pause et de reprendre le fil conducteur de la production du saumon d'élevage qui accélère la disparition de son cousin sauvage et nous entraîne, par la même occasion, dans une impasse mortifère.

De son origine à son exploitation mondiale truffée de poux de mer, du marché de la farine de poisson et de la déforestation en Amazonie au marasme écologique et social chilien, de la lutte citoyenne d'habitants et d'associations en Écosse à l'empire norvégien, le saumon d'élevage élimine le saumon sauvage, espèce autrefois largement répandue sur notre planète, et a de graves conséquences écologiques.

« Chaque pays a sa folie.
La Bretagne les a toutes. »

Jacques Cambry,
Fondateur de l'Académie celtique en 1805

Les élites en raffolaient...

À L'ORIGINE, UN POISSON SAUVAGE

Salmo Salar, roi des rivières

La chair onctueuse du saumon, au goût délicat et aromatique, et sa couleur emblématique, ont fait du roi des mers un mets d'excellence pour les hommes. Mais avant de nous pencher sur ce que nous faisons du saumon et sur ce qu'il représente pour nous, apprenons à le voir tel qu'il cst.

Le saumon est une espèce anadrome, amphibiotique et potamotoque. Des termes barbares mais importants pour saisir toute la complexité et la richesse de cet animal.

« Anadrome » vient du grec *anadromos*, qui signifie « remontant ». Le saumon remonte en effet les rivières à contre-courant et saute (d'où l'étymologie latine du saumon, de *salmo* : « qui saute ») pour tenter de retourner là où il est né.

« Potamotoque » provient, lui, des mots du grec ancien *potamos*, « fleuve », et *-toque*, « enfantement », car le saumon quitte l'océan pour remonter le fleuve. Mû par un extraordinaire instinct de retour, il revient à son point de départ. Ce comportement spectaculaire, qui a toujours fasciné les scientifiques, se résume sous le nom de *homing*, retour à la maison, un phénomène qui vaut quelques développements.

S'il « revient à la maison », c'est pour frayer, c'est-à-dire se reproduire à son tour. Une femelle pond en moyenne 8 000 œufs de 5 à 6 mm de diamètre, parfois dans plusieurs nids. Ils sont alors fécondés par autant de mâles différents, pour augmenter les chances de perpétuation. Les éperlans, les esturgeons, les aloses ou les lamproies sont aussi des espèces potamotoques.

Enfin, le terme « amphibiotique » désigne des animaux capables de vivre dans une eau douce et salée. Le saumon est donc un super poisson qui parcourt des milliers de kilomètres durant sa vie et qui vit autant dans les eaux douces de l'Allier que dans l'Atlantique salée, au large du Groenland.

Sa vie se distingue en trois parties : la naissance en eau douce, puis une migration vers l'océan et une vie dans l'océan. Enfin, le retour en eau douce, le frai, c'est-à-dire la reproduction, la ponte et finalement la mort programmée, qui intervient en quelques jours.

Quand les œufs éclosent, des larves, appelées alevins, en sortent. Seuls 6 % des 8 000 œufs pondus deviendront des alevins. Le reste de ces œufs, riches en protéines, aura largement servi à nourrir la faune fluviale. Lors d'opérations de repeuplement, ce sont les alevins qui sont introduits dans les rivières, comme c'est aussi le cas pour les truites en Dordogne. Presque transparentes, ces petites bêtes apparaissent avec ce qu'on appelle un sac vitellin – une espèce de sac ventral rempli de nutriments. Pendant quatre à six semaines, les alevins restent dans le gravier, en puisant leurs ressources dans leur sac. Après cette longue période, ils sortent de leur trou pour un tout nouvel environnement, dynamique. Ils sont emportés et dérivent dans des eaux calmes, où ils peuvent se maintenir sur place. Ils doivent manger, vite, car une croissance rapide est l'une des clés de la survie. À contre-courant, ils choisissent une pierre et se tiennent à son sommet en attendant les insectes flottants et autres organismes morts ou vivants. Ils vouent fidélité à leur pierre d'attache pendant plusieurs jours. Mais gare aux prédateurs ! Des estimations indiquent que les grands harles (canards piscivores) et les martins-pêcheurs d'Amérique prélèvent de 21 à 45 % de saumons juvéniles.

Le *homing*

Arrivés à une taille d'une dizaine de centimètres, ils portent des stries verticales et des mouchetures rouges leur servant de camouflage pour échapper aux prédateurs. Ils se tapissent sous les pierres pour tenter de passer inaperçus. On les nomme alors des tacons. Seuls un quart des alevins parviennent à ce stade. Ces animaux vivent généralement un à deux ans dans la rivière, en pratiquant la polyphagie, c'est-à-dire qu'ils se nourrissent sans satiété de crustacés, mollusques, insectes, poissons et de tout ce qui passe sous leur nez. Le but étant de grossir et de se transformer en smolt, capable de vivre dans un environnement salé. Ce stade de développement du saumon peut durer plus d'un an car il est lié, entre autres, aux fluctuations de la température des rivières. La température idéale pour un bon développement est de 16 °C. Les autres facteurs qui permettent cette évolution sont l'augmentation du débit et surtout la photopériode, c'est-à-dire la durée de la lumière du jour. Il a été observé des tacons âgés de six ans qui, à cause d'une météo indéfiniment maussade, attendaient leur prochaine métamorphose en smolt.

Pour la majorité d'entre eux, une fois la smoltification achevée, les petits poissons devenus argentés peuvent descendre la rivière à partir du printemps et atteindre l'océan.

C'est ce qu'on appelle la dévalaison : les poissons dévalent littéralement la rivière vers la mer, aidés par les courants. Ce voyage et les changements qui l'accompagnent fascinent les biologistes et les écrivains depuis des siècles. « Imaginons [...] les richesses

[...] des récits [...] qui nous feraient vraiment participer [...] au voyage d'un saumon, né aux sources de la Loire, de l'Allier devenant tacon bleu, puis saumoneau, attiré vers la mer nourricière qui fera de lui, en un an, un [...] troueur de courant », écrivait Maurice Genevoix.

Au bout de quelques semaines, seule la moitié des smolts sera parvenue en mer. Au terme de cette migration dite « de descente », les jeunes poissons nagent enfin en pleine mer, en milieu pélagique, dans les eaux froides des îles Féroé, de la Norvège, du Groenland ou au large de Terre-Neuve au Canada. Ce sont des terrains d'engraissement subpolaires, au croisement des eaux chaudes et froides, propices au développement des poissons. L'objectif simple de cette prise de poids est le retour en rivière au bout d'un ou deux ans. C'est d'ailleurs le nombre d'années en mer qui permet de faire une classification des saumons. Le madeleineau ou saumon ubimarin passe un hiver en mer. Le saumon plubimarin passe, lui, deux hivers en mer ou plus. Durant toute cette période, l'animal fera des réserves en grignotant des petits crustacés, des calamars, capelans, lançons et autres petits poissons. Au terme de cette escapade en mer, il vivra exclusivement de ses réserves pour remonter vers le fleuve.

À un moment précis, lorsque le processus de convergence s'installera dans son cerveau, le saumon entamera sa remontée vers sa rivière d'origine avec une précision spatiale et temporelle remarquable et ce, même s'il amorce sa migration de retour à partir de zones d'alimentation dans une zone extra-large. Le saumon possède un odorat de super-limier qui peut différencier sans peine l'eau de deux fleuves. Ayant enregistré l'odeur de sa rivière natale, il la piste comme un chien pisterait les traces d'un suspect.

On ne sait pas vraiment quand ni comment se déclenche la phase de retour, car à vrai dire les scientifiques perdent un peu la trace du poisson dans les océans.

Cependant, en avril 2023, un programme avait permis de marquer un individu de 15 centimètres nageant dans la Bresle (entre Picardie et Normandie). Il a été attrapé 110 jours plus tard par les filets de pêcheurs islandais, à une distance de 2 300 kilomètres en pleine mer de Norvège. Ce saumon avait parcouru 20 kilomètres chaque jour. À taille comparable, c'est comme si un humain de 1,80 m avait couru 240 kilomètres chaque jour pendant trois mois et demi.

Dix ans plus tôt, une équipe de scientifiques norvégiens avait placé des émetteurs acoustiques sur 56 saumons dans le fjord Alta au nord de la Norvège. L'observation montrait que les saumons suivaient la côte et nageaient à une profondeur finalement relativement faible. Malgré ces résultats, les connaissances manquent cruellement. Le saumon demeure un poisson mystérieux.

Certains ne se découragent pas et usent d'ingéniosité pour en savoir davantage en se penchant sur le saumon rouge Oncorchynchus Nerka qui peut migrer, non pas dans les océans, mais dans les grands lacs. Loin de l'immensité tumultueuse de l'océan, ils ont trouvé que

> « les mécanismes sous-jacents à l'orientation des saumons qui reviennent à la maison en mer ne sont pas connus, mais [...] ont révélé des systèmes sensoriels et des indices d'orientation qui pourraient être impliqués dans les migrations en haute mer. Les saumons juvéniles sont capables de s'orienter en fonction de la position du soleil, des schémas de lumière polarisée et du champ magnétique terrestre ».

Pour se compliquer la tâche, un nouveau nom est attribué aux saumons ubimarins que l'on trouve en rivière à l'automne. Ils sont alors appelés des castillons par les pêcheurs. Ils seront alors plus petits que leurs congénères qui passeront un hiver de plus dans la mer et qui seront, eux, appelés simplement saumons de printemps. La pêche aux castillons et aux saumons de printemps est particulièrement appréciée par les amateurs. De la totalité des smolts ayant pu rejoindre la mer, seuls 8 % seront devenus des castillons ou saumons de printemps.

Depuis l'estuaire, les saumons qui ont échappé aux cannes des pêcheurs entament contre le courant la montaison. Une lutte qui va durer douze, treize voire quatorze mois, selon les aléas du voyage. D'une longueur de 50 à 100 cm et d'un poids pouvant avoisiner les dix kilos, le saumon adulte est un missile taillé pour cette mission hors du commun : retourner à l'endroit qui l'a vu naître pour, à son tour, frayer. Le saumon n'a que cette mission unique en tête.

Jean Rostand écrivait dans son livre *Inquiétudes d'un biologiste* que pour frayer un sentier nouveau, il faut être capable de s'égarer. Le saumon, lui, ne s'égare pas ou peu. Il est estimé que seuls 3,9 % des individus se perdent en route. Un petit chiffre qui a son importance. Car se perdre, c'est aussi et surtout disséminer l'espèce et s'insérer dans de nouvelles niches écologiques. Dans la dynamique des populations, ces individus « égarés » auraient donc un rôle majeur dans le fonctionnement des salmonidés et de leur résilience face à des perturbations environnementales. Le maintien d'une petite population est la clé de la survie de l'espèce sur cette Terre.

En Europe, l'un des saumons les plus remarquables est celui qui nage dans les eaux de l'Allier. Sa migration est fabuleuse : il peut nager jusqu'à 10 000 kilomètres dont 1 000 en rivière. Après être resté 2 à 3 ans dans les océans pour se gaver, il parcourt à nouveau les milliers de kilomètres en sens inverse. Dans la nature, la règle est simple : plus vous êtes grands et gros, et plus vous avez de chances d'achever votre migration.

Une fois sa route trouvée, la vitesse de croisière du saumon peut atteindre les 3 mètres par seconde et il peut sauter des cascades et autres reliefs de plus de trois mètres de haut. En général, la vitesse moyenne d'un saumon sur le chemin du retour oscille entre 50 à 100 kilomètres par jour, tout en déjouant les pièges qui lui feront face. Les griffes de l'ours en font évidemment partie, mais le plus grand danger demeure l'homme avec sa pêche, ses barrages, ses pollutions et son réchauffement climatique. Par ailleurs, la montaison répond à des exigences spécifiques. Si l'eau descend sous la barre des 5 °C ou grimpe au-dessus des 20 °C, tout s'arrête. En résumé, le saumon qui parviendra à franchir la ligne d'arrivée sera le champion toute catégorie et aura le droit de poursuivre la lignée en se reproduisant.

Sur les 8 000 œufs de départ, seuls quatre saumons reviendront. Les 7 996 autres œufs, alevins, tacons, castillons et saumons auront échoué et auront péri en étant réincorporés dans la chaîne alimentaire. Un œuf a donc 0,05 % de chances de devenir un saumon reproducteur.

Revenus dans leur rivière natale, les saumons argentés cherchent les courants plus faibles et des eaux plus fraîches en profondeur. Vers la mi-octobre, les saumons quittent ces fosses et se dirigent vers les frayères. Ce sont des nids que les femelles ont creusés en battant de la queue toute la journée dans le gravier. Là, ils retrouvent une eau peu profonde avec un courant plus rapide. Dès que la température de l'eau tombe vers les 6 °C, les saumons mâles commencent alors l'exploration des frayères pour féconder. Dans cette phase de vie terminale, la mâchoire inférieure du mâle se développe, comme une ornementation à la façon de ce que l'on voit chez certains oiseaux aux plumages exubérants. En 1829, cette protubérance osseuse avait induit Cuvier en erreur, qui avait cru découvrir une nouvelle espèce : le *Salmo Hamatus.* Mais ce sont bien des *Salmo Salar* qui se sont métamorphosés avec une peau épaissie et une robe qui s'est assombrie. Leur mâchoire inférieure s'est allongée pour devenir un caractère sexuel secondaire qui a d'ailleurs donné son nom au genre de l'animal : *Oncorhynchus* signifie en grec « museau-crochet ». Cette déformation progressive des mâchoires permet de savoir aussi que l'on a affaire à un poisson d'un certain âge. Elle empêche le mâle de fermer la bouche et des dents apparaissent. Elles pourraient jouer un rôle dans la compétition entre mâles lors de la reproduction, car des couples se forment et des célibataires rôdent. Il faut donc défendre sa place. Le rostre servirait alors d'arme pour repousser ces gêneurs.

Le mâle, crochet pointé vers le haut et gueule ouverte, glisse le long des flancs de la femelle. Ensemble, ils lâcheront dans le gravier les ovules et la laitance qui donneront les futurs poissons. La femelle pondra 1 500 œufs pour chaque kilogramme de son poids. Un castillon pond en moyenne 4700 œufs, un saumon de deux ans de mer, 8 100 œufs et un saumon de trois ans de mer, 12 000 œufs ! Ces œufs incuberont dans la frayère tout l'hiver, enfouis et oxygénés par l'eau. Outre les prédateurs, les œufs devront éviter d'être infestés par des champignons, écrasés, enfouis trop profondément, gelés ou encore décapés par des crues éventuelles.

Et puis, c'est la fin de la vie. Le corps du salmonidé se transforme une dernière fois, rapidement et sans concession. Le mâle et la femelle subissent une accélération du vieillissement qui durera quelques semaines. La putréfaction de leur corps riche en fer, phosphore ou en iode, acquis lors de leur vie en mer, servira à nourrir une multitude d'animaux. Parmi eux, les alevins qui apparaîtront au printemps prochain. La boucle est bouclée. « De la naissance à la mort, il n'y a pas de place une seule fois pour l'initiative personnelle – pour le libre arbitre, pour l'exercice de la liberté. Je dirais plus : le hasard semble ne jamais intervenir », écrivait Jacques-Yves Cousteau lors de ses observations des saumons en Alaska.

Une infime partie ne mourra pas après la reproduction : 1 %. Ceux-là repartiront vers la mer, puis reviendront pour une nouvelle phase de reproduction et pour un nouveau miracle.

Le plat favori du roi français

Mais l'histoire du saumon n'est pas que celle d'un cycle naturel qui pourrait se répéter à l'infini: c'est aussi celle de la relation entre les hommes et les saumons, entre valorisation et mise en péril.

À l'évidence, ce poisson extraordinaire n'a pas reçu le respect qu'il aurait mérité de la part des humains.

L'histoire qui lie le saumon et l'homme n'est pas récente. En Géorgie, des arêtes ont été retrouvées sur les anciens sites occupés par l'homme de Néandertal il y a 40 000 ans, et en France des courbes profilées ont été dessinées sur les parois de nombreuses grottes, dont celle du Mas-d'Azil en Ariège il y a 17 000 ans où deux salmonidés sont reconnaissables. Certains peuples en ont fait une créature mythique, comme les Irlandais, qui en firent une légende. Un simple saumon dévora neuf noisettes tombées de l'arbre du savoir dans le fleuve Boyne. Devenu le « Saumon de la Sagesse », il fut mangé par un orphelin de 14 ans qui devint un guerrier courageux: Fionn Mac Cumhaill.

Au Moyen Âge et à l'époque moderne, le saumon pullulait partout dans les cours d'eau, les rivières et les fleuves européens. Dans les rivières des Basses-Pyrénées, les serfs en étaient gavés et demandèrent « qu'on ne leur donne pas de saumons à table plus de trois fois par semaine ». Les cours d'eau foisonnaient d'un nombre si important de salmonidés qu'ils étaient devenus le repas des pauvres. C'est le paradoxe de la fréquence. L'Histoire se souviendra aussi qu'une des prisons de Nantes avait été le théâtre d'une rébellion inédite, à la fin du XIXe siècle. Les gardiens et les prisonniers s'étaient rassemblés pour dénoncer de manger trop de saumons. Un comble !

Cependant, si le saumon n'était ainsi pas forcément un poisson rare, il était très apprécié par les élites. Au Moyen Âge, c'est lui qui avait été choisi par Guillaume Tirel, dit Taillevent, maître cuisinier du roi Charles V, pour être au centre du menu d'un banquet somptueux donné le 6 janvier 1378 en l'honneur de l'empereur du Saint-Empire romain germanique Charles IV. Autour des tables se réunirent entre 800 et 1 000 invités. Vingt-trois plats furent servis au cours de trois services dont des civets d'huîtres, des figues farcies couvertes de feuilles d'or et *des échines de saumon, plat favori du roi français*. Le fameux livre de recette *Le Viandier*, publié au XIVe siècle, fut le tout premier livre de cuisine. Taillevent y écrivait :

> « Saumon Frais : Fumé, et gardez l'échine pour le rôtir, puis le couper par dalles, et soit cuit dans l'eau, et du vin, et du sel au cuire ; soit mangé au poivre jaune ou à la cameline ; en le mettant sur le gril, et en pâté qui veut, poudré d'épices, et soit mangé à la cameline. »

La cameline est ce qu'on appelle du « lin bâtard » à cause de sa ressemblance avec le lin. Elle a longtemps été considérée comme une mauvaise herbe. Elle représente aujourd'hui l'avenir des agrocarburants pour les avions. À chacun son époque…

En Bretagne, le bassin de l'Aulne était connu pour sa surabondance de saumons. Dans la ville de Châteaulin, les habitants ont longtemps été appelés *penn eog*, c'est-à-dire les « têtes de saumon ». Dès le XIe siècle, sa production s'était considérablement développée. L'économie de la ville et de la région tout entière tournait principalement autour de ce poisson, à tel point que les armoiries de la ville furent affublées d'un saumon. Au XVIIIe siècle, une livre de saumon se vendait aux alentours de 50 sols, soit presque le double du salaire journalier d'un maçon ou d'un tailleur de pierre en 1760. L'exportation était organisée vers Paris pour permettre de faire déguster le saumon fumé, en fricandeaux, en tronçons, en terrine, en filets, en miroton, en pâté, en poupeton et on pouvait même le cuisiner en hure au poivre et au citron vert selon *Le Nouveau cuisinier royal et bourgeois* de 1729. Ce livre se définissait comme « un ouvrage très utile dans les familles, aux Maîtres d'hôtels et Officiers de cuisine ». Autrement dit, le saumon faisait partie intégrante des habitudes alimentaires de la haute société et les producteurs bretons se frottaient les mains. Rien qu'à Quimperlé, les professionnels pêchaient en moyenne 3 000 saumons par an de 1830 à 1840.

Cette manne attira son lot de trafics en tout genre et de braconniers, souvent envoyés par les seigneurs eux-mêmes afin de contourner la réglementation, alors très stricte. Des pratiques, comme la pose de pièges appelés des « avaloirs », provoquèrent progressivement, en plus des pollutions et de la méconnaissance du cycle de reproduction, la disparition de l'espèce dans nos rivières.

La Révolution française nomma le 5 fructidor le « jour du saumon ». C'est à cette période, en 1792, que l'abolition des droits seigneuriaux, entraînant la liberté de pêche pour tous les Français, provoqua l'accélération du dépeuplement des cours d'eau. Le Directoire d'abord, puis l'Empire rétablirent les interdictions royales, en promulguant une loi autorisant la pêche dans les rivières navigables aux détenteurs de licence, mais qui ne ralentit pas le braconnage, fléau des équilibres naturels. L'argent rapide et l'appât du gain furent les moteurs de la destruction des milieux fluviaux. Trident de pêche, râteau ou filets tirés sur toute la largeur des rivières, rien ne fut épargné aux salmonidés. L'augmentation des captures entraîna la rareté et mécaniquement une hausse des prix sur les étals des marchés. Pour augmenter la cadence, au XVIIIe siècle, les braconniers allèrent jusqu'à utiliser de la dynamite ou du chlorure de chaux (ancien nom du chlorure de calcium). L'effet était garanti : toute forme de vie disparaissait pour une quinzaine d'années ! « La chasse, c'est la loi du plus fort ; le braconnage, c'est la loi du plus fin », écrivait Adolphe d'Houdetot en 1858 dans son livre *Braconnage et contre-braconnage.*

En Bretagne, Jacques Cambry, dans *Voyage dans le Finistère, ou état de ce département en 1794 et 1795*, pointait déjà les dangers qui planaient sur le saumon et fustigeait les meuniers de Pont-Aven, qui « prennent dans des poches une multitude de petits saumons qu'ils nomment glésils, dont ils nourrissent leurs pourceaux ». Par ailleurs, il dénonçait les ravages des pollutions, notamment dans l'Aulne où « les écoulements des mines ont détruit les brochets, les saumons, les dards, les brêmes et les perches qui les peuploient ». À son époque, il fallait être en avance sur son temps pour comprendre que la pollution était un danger pour ces poissons.

Au Royaume-Uni aussi, le saumon de l'Atlantique jouit d'une réputation historique. Même le célèbre Shakespeare leur rendit hommage dans quelques-unes de ses œuvres, dont la pièce *Henry V* écrite en 1599 : « Il y a une rivière à Macédoine, et il y a également une rivière à Monmouth, [...] elles se ressemblent comme mes doigts ressemblent à mes doigts, et il y a du saumon dans toutes deux. »

La vulnérabilité du saumon est aussi perçue au Royaume-Uni, où les prémices d'une reconnaissance sont actées et écrites dans des documents officiels. On lit par exemple dans la *Magna Carta* de 1215, la Grande Charte d'Angleterre, pierre angulaire de la démocratie et du droit anglais, rédigée par le roi Jean Sans Terre, que « tous les barrages à poissons doivent être enlevés de la Tamise, de la Medway, et dans toute l'Angleterre, excepté sur le rivage de la mer ». Cela sous-entend qu'il ne fallait pas gêner les saumons dans leur migration. Quelques années plus tard, dès 1285, le pouvoir royal décida, sous le règne d'Edouard Ier, d'interdire sa pêche entre mi-avril et fin juin : c'est alors le début d'une réglementation. Accepter de ne plus se nourrir de certains poissons pour ne pas nuire à leur cycle de développement, alors même que la population ne mange pas à sa faim, était un signe inédit et précoce d'une prise de conscience écologique.

Cinq cents ans plus tard, on passe un cap avec le roi George III, qui durcit le châtiment concernant les « voleurs de poissons des étangs, des marmites ou des douves et ce, sans le consentement du propriétaire ». Ce soutien aux seigneurs se transforma involontairement en geste de protection de la nature. En guise de peine : un séjour dans les colonies pendant sept années. Au gré des siècles qui défilent, diverses lois et autres amendements ont lentement reconnu l'importance du saumon. Au XVIIIe siècle, le Salmon Act Amendment voit le jour. Il sera mis à jour en 1986 avec soixante-dix paragraphes régissant définitivement la pêche et le commerce du saumon.

Parmi les différents articles qui le composent, le numéro 32, « *Handling salmon in suspicious circumstances*[1] », est resté très célèbre. Il fait partie de la famille des lois les plus étranges de Royaume-Uni. Cet article stipule qu'il est interdit à toute personne de manipuler un saumon de manière suspecte ! Ni plus ni moins. Toujours en vigueur, la disposition vise en fait à réduire le braconnage.

Aujourd'hui, la pêche du saumon continue à être réglementée, y compris en tant qu'activité de loisir, car elle est particulièrement prisée des amateurs. C'est notamment le cas en France au sujet des castillons, par exemple, dont nous avons déjà parlé. Réglée par des arrêtés annuels du préfet de région, cette pêche nécessite, en plus de la carte de pêche classique, un timbre « migrateur » et une bague qui permet de « baguer » chaque prise et de la déclarer selon une procédure précise. Un « total autorisés de captures » (TAC) est calculé pour conserver la quantité suffisante de géniteurs pour la pérennité de l'espèce. Si l'individu mesure plus de 70 centimètres en Bretagne, sa remise à l'eau est obligatoire. Lorsque le nombre de prises réglementaires est atteint, la pêche est fermée.

Malgré l'attention particulière qu'il suscite et ces législations et réglementations à visée protectrice,

1. « Manipulation du saumon dans des circonstances suspectes. »

l'avenir du saumon est en pointillé. Dans la dernière réévaluation par la Liste rouge des espèces menacées de l'Union internationale pour la conservation de la nature (UICN), publiée à la COP28 à Dubaï, il a été reclassé en Grande-Bretagne de « préoccupation mineure » à « en danger », soit une remontée de deux crans dans le classement. Le stade d'après est « en danger critique », avant d'arriver à « extinction régionale », c'est-à-dire la disparition pure et simple du pays. Parmi la population des salmonidés britanniques, le déclin a été estimé entre 30 et 50 % depuis 2006. Ce chiffre tend aujourd'hui aux 80 %. Au niveau mondial, la population s'érode aussi et présente un recul de 23 % depuis 2006, d'après l'UICN.

> « Il faut absolument que le gouvernement britannique donne aux régulateurs environnementaux le mandat et les ressources nécessaires pour répondre à la myriade de problèmes qui menacent la survie du saumon atlantique. L'alternative est que nous risquons de perdre complètement l'espèce dans nos eaux », a déclaré Nick Measham, directeur exécutif de WildFish, association qui a contribué à cette étude.

De notre côté de la Manche, le Comité breton de gestion des poissons migrateurs a suspendu la pêche aux saumons pour l'année 2025. Cette région, qui est l'un des derniers sanctuaires du saumon sauvage en France, retient sa respiration. Sur l'Élorn, le

Scorff ou l'Aulne, le nombre de ces poissons a baissé de 70 % en trois années, passant de 2 098 individus en 2020 à seulement 643 en 2023. Rien que sur le Scorff, ce fleuve côtier qui se jette à Lorient, les scientifiques de l'INRAE (Institut national de recherche pour l'agriculture, l'alimentation et l'environnement) ont comptabilisé en cinq minutes une quinzaine de juvéniles, là où habituellement ils pouvaient en trouver jusqu'à une centaine. Au micro de France 3, l'ingénieur Nicolas Jeannot, assistant ingénieur à la station de contrôle des migrations de saumons de Pont-Scorff, ne cache pas son inquiétude : « On est pourtant dans un endroit assez colonisé, avec un habitat très favorable. Il y a du courant, beaucoup de pierres, beaucoup de diversité. C'est très plaisant, normalement, pour le saumon. »

Le terme d'effondrement des populations n'est plus tabou. Si le saumon disparaît, alors d'autres espèces seront menacées. « Les espèces interagissent et sont liées entre elles, c'est le principe de la biodiversité. Sans les poissons migrateurs, c'est la biodiversité des rivières qui s'écroule », avertit Gaëlle Leprévost, directrice de l'association Bretagne grands migrateurs. Inversement, s'il survit, alors la qualité des rivières sera sauvegardée et, avec elle, plusieurs autres espèces. Le saumon est une espèce que l'on appelle « parapluie », c'est-à-dire « une espèce dont le domaine vital est assez large pour que sa protection assure celle des autres espèces végétales et animales peuplant le même territoire », selon le WWF. Les éléphants, les tigres, les hérissons ou les grands papillons, pour ne citer qu'eux, sont aussi des « espèces parapluie ». Protéger les saumons fait profiter par « ricochet » à une multitude d'autres espèces sauvages comme d'autres poissons voire des insectes.

Aujourd'hui, l'effondrement du nombre de saumons s'observe partout, en Écosse, en Irlande et en Norvège tout particulièrement, où des restrictions drastiques ont également été mises en place cette année avec la fermeture de dizaines de rivières au mois de juin 2024.

Outre le braconnage, l'aménagement des rivières et le réchauffement climatique jouent un rôle prépondérant dans ce déclin. Mais il faut aussi prendre en compte la production intensive des saumons d'élevage, devenus sédentaires, tassés dans des bassins et nourris avec de la farine animale. Et c'est là l'histoire d'une concentration industrielle…

« Chacun de nous s'imagine posséder au moins l'une des vertus cardinales, et voici la mienne : je suis l'une des rares personnes honnêtes que je connaisse. »

Jay Gatsby
dans *Gatsby le Magnifique*
de Francis Scott Fitzgerald, 1925

De la guerre Iran-Irak aux fjords...

L'EMPIRE MOWI

Les humains auront toujours besoin de saumons. Ils en ont fait un produit majeur de leur consommation habituelle.

Répandus dans une grande partie de l'hémisphère Nord, ils disparaissent aujourd'hui à l'état sauvage. Pêchés, transformés, congelés, achetés, découpés et avalés. Rien ne résiste à la voracité de l'économie qui s'est développée autour de ce poisson. C'est une affaire rentable que l'industrie a su préserver pour que coulent à flots les dollars. De là sont nés des géants industriels du saumon.

Prononcé « Murveh » en norvégien, Mowi est l'un des mastodontes du saumon. L'empire de cette entreprise gargantuesque s'étale aux quatre coins de la planète et en a fait le leader indiscutable du poisson rose. « Le saumon gagnant à tous les goûts », « Goûtez l'excellence », « Ce saumon Mowi est un chef-d'œuvre de la nature », « Effrontément bon » :

les superlatifs et les envolées lyriques des publicités que l'on peut voir encore sur YouTube ne manquent pas pour chanter les louanges du saumon norvégien. Il est d'ailleurs intéressant d'observer l'évolution du discours marketing. Fini, par contre, les longs discours du pêcheur qui travaille pour la firme « depuis 32 ans » sur son vieux bateau au milieu des fjords norvégiens. Terminé, les publicités de Noël qui vous prennent pour un consommateur idiot. Aujourd'hui, le saumon, c'est tendance et en manger, c'est être dans son époque. On en consomme tous les jours, toute l'année. Et pour dépoussiérer son image, les publicitaires allemands de Motor Kommunikation ont fait appel à l'acteur norvégien à la longue barbe rousse Kristofer Hivju, qui tenait le rôle du sauvageon Tormund dans la série *Game of Thrones*.

Mais la palme revient à ce slogan qui affirme, en toute modestie : « *Salmon is good. Mowi is goodness* », traduisez : « Le saumon est bon, Mowi est la bonté. » La firme présente le mot *goodness* comme signifiant « délicieux » en français. Une traduction approximative, car *goodness* veut dire la « bonté » et renvoie à la dimension morale. Mowi incarne l'humanité tout entière.

L'ascension de l'homme d'affaires Fredriksen

Pour comprendre le développement de cette grosse machine à dollars, il faut s'intéresser à son riche propriétaire, John Fredriksen. Comme pour beaucoup de milliardaires, le parcours de Fredriksen se raconte à la façon d'une légende. Né en 1944 du fils d'un soudeur de chantier naval, il a grandi du « mauvais côté » de la ville. À l'école, Fredriksen n'était pas un élève assidu et passionné. C'est son père qui, le voyant affalé sur son lit, a répondu pour lui à une offre d'emploi d'assistant de courtier maritime à l'agence Blehr & Tenvig. À 16 ans, le jeune John collectait et distribuait le courrier, rédigeait des télex, codait des télégrammes, rédigeait des rapports de marché et montrait un réel intérêt pour l'apprentissage. C'est ainsi que la plupart des courtiers maritimes commencent leur carrière. « Une grosse tête rougeâtre, aux yeux rapprochés, était posée entre d'énormes épaules. Costume, cravate, chemise et chaussures étaient élégants », décrit le journaliste Gunnar Stavrum dans son livre *Le Grand Loup : une biographie non autorisée de John Fredriksen* sorti en 2006.

Quatre ans plus tard, il partit travailler dans l'industrie maritime à Montréal, New York et Singapour. De retour en Norvège, il devient courtier chez A. O. Andersen, à 22 ans. Après trois échecs dans la création d'entreprises, il monta la société de transport de pétrole Northern Shipping en 1975, puis se positionna dans la « guerre des tankers » à laquelle se livraient l'Iran et l'Irak. Cette crise des pétroliers dura pendant toute la guerre, de 1980 à 1988, et mit le golfe Persique en ébullition : 547 navires avaient été touchés par des missiles, des bombes parachutées ou des grenades incendiaires. En 1985, les quantités de pétrole ainsi déversées dans le Golfe étaient devenues telles qu'elles avaient déjà dépassé l'ensemble des fuites de pétrole marines du reste du monde. En tout, entre 700 000 et 1,2 millions de militaires trouvèrent la mort dans ce conflit.

L'objectif était de faire passer le pétrole entre la Syrie et l'Iran, pays amis, mais que l'Irak sépare. Les bateaux ont donc assuré le transit sur une route régulière entre l'île de Kharg et le canal de Suez. La compagnie de Fredriksen ne possédait aucun tanker mais a eu l'idée de louer quatre vieux bateaux à une société suédoise. Un tour de passe-passe ingénieux qui reposait uniquement sur l'esprit acéré et l'habileté de négociation de l'homme d'affaires. Les Syriens eux-mêmes n'en revenaient pas de s'être fait berner d'avoir signé un contrat avec une société qui ne possédait pas de bateaux. Rapidement, le Norvégien était devenu la « bouée de sauvetage de l'Ayatollah » et les dollars sont venus remplir son compte en banque par millions. Logique, car le groupe de Fredriksen était le seul à opérer dans la région, les autres opérateurs préférant fuir les missiles.

La machine tournait à plein. Les Iraniens signaient des contrats qui les engageaient sur le long terme. Plusieurs années plus tard, l'homme d'affaires norvégien et ses collègues pouvaient nier énergiquement que le trafic de navettes était rentable, mais des documents internes ne laissaient aucun doute. « Étant donné que les sociétés opérationnelles sont constituées dans des paradis fiscaux, les impôts qu'elles ont payés jusqu'à présent sont soit nuls, soit négligeables », écrit le cabinet d'audit KPMG à l'été 1985. Il a estimé la valeur du groupe à 77 millions de dollars, toutes dettes déduites.

Dans les navires, l'ambiance était moins rose. Des Philippins à l'œuvre, avec des contrats précaires, risquaient leur vie dans des zones où les bombes zébraient le ciel tous les jours. Une attaque réussit même à toucher l'un des tankers en septembre 1985 et tua deux membres d'équipage.

La même année, la compagnie d'assurance maritime norvégienne Gard siffla la fin de la récréation et poursuivit l'armateur en justice. Motif : vol de pétrole. L'astuce était la suivante : après la fin de la mission de chargement, des résidus d'hydrocarbures restaient souvent dans les réservoirs, surtout en hiver. Il fallait évacuer ce pétrole brut qui restait. Ce mélange d'eau et de pétrole brut est appelé *slop*. Le liquide visqueux obtenu est habituellement évacué dans des réservoirs à décantation séparés puis jeté par-dessus bord lorsque le navire se trouve au large. Étant donné que la convention régulant les rejets d'hydrocarbures dans l'environnement marin ne fut signée qu'à l'automne 1983, les saumons, dauphins, baleines et autres tortues ont eu le temps de déguster les bienfaits de ces épanchements…

Les équipes de Fredriksen ont eu l'idée de garder ce slop et de le mélanger au fioul lourd de leur propre navire. Or une telle réutilisation est loin d'être inoffensive. Le pétrole brut contient du naphta et d'autres gaz hautement explosifs. Le gaz peut s'enflammer et exploser, avec évidemment des conséquences terribles pour le navire et l'équipage. Mais la direction de la compagnie maritime Fredriksen décida de détourner le regard sur ce danger potentiel et offrit aux officiers à bord dix dollars par tonne de fioul transporté, en récompense d'avoir risqué leur vie. Avec ce stratagème, la compagnie avait économisé 15 millions de dollars.

Avec la plainte de Gard, l'affaire Fredriksen devenait l'objet du travail quotidien d'une trentaine de policiers dans les bureaux du commissariat central d'Oslo. Au total, 3 145 signalements s'empilèrent à la brigade financière, entre janvier et novembre 1986. Pendant ce temps, Fredriksen écopait de 113 jours de prison en préventive, le temps de l'instruction. Il paya par ailleurs une amende de 2 millions de couronnes norvégiennes[1] pour avoir mis en danger la vie de ses équipages et versa à la compagnie d'assurances Gard plus de 800 000 dollars. Ce séjour derrière les barreaux l'a transformé.

Quelques mois plus tard, il mit la clé sous la porte, mais revint en 1996, plus déterminé que jamais, en

1. Soit environ 170 000 euros.

rachetant des parts dans la société suédoise Frontline. Cette fois, la stratégie fut un peu différente et il décida de se diversifier dans les pétroliers, les vraquiers secs (transport de marchandises solides), les méthaniers et les plates-formes de forage en eau profonde. Dès 1997, Fredriksen était le plus grand propriétaire de tankers au monde. À 53 ans, lui qui venait de nulle part caracolait en tête des plus grandes fortunes de Norvège.

Frontline est aujourd'hui l'un des plus grands opérateurs de transport maritime au monde, dont le siège fut un temps aux Bermudes, paradis fiscal britannique. Frontline avait même reçu l'assurance écrite du ministre des Finances qu'elle serait exonérée de toute taxe jusqu'en 2016.

En 2006, comme la plupart des fortunés, Fredriksen est parti dans un pays qui n'applique quasiment aucun droit de succession : Chypre. Pourtant, les règles pour devenir Chypriote sont strictes et la nationalité n'est accordée que dans des cas particuliers, après approbation du Conseil des ministres et une foule de documents parmi lesquels un certificat de casier judiciaire vierge. Mais cela n'a pas été nécessaire pour John Fredriksen. Celle qu'on appelle « l'île de l'amour » a accueilli son nouvel habitant avec faste : le Norvégien est devenu le « naturalisé » le plus riche du pays. Il y amena Frontline quelques années plus tard, lorsque son exonération de taxes aux Bermudes prit fin.

En 2024, un journal chypriote annonçait que les autres entités du groupe Fredriksen hésitaient à décrocher totalement de la Norvège pour se réfugier à Chypre.

> « Il perçoit une détérioration de l'environnement maritime norvégien, aggravée par des taxes et des droits onéreux qui entravent les efforts de recrutement dans le secteur du transport maritime. Une évaluation interne est en cours au sein du groupe Fredriksen pour déterminer une stratégie de localisation réalisable si les conditions en Norvège restent défavorables », écrit le journal chypriote *Knews*.

Par l'intermédiaire de diverses filiales, le magnat contrôle actuellement une flotte de 348 navires et autres plates-formes. Son départ serait donc une lourde perte pour son pays natal. Mais d'après d'anciens collaborateurs, le Norvégien méprise les risques, les règles et les faibles. « Ce n'est pas quelqu'un qui aime suivre le courant », a déclaré une source de l'industrie navale à Reuters en 2011, en poursuivant : « Fredriksen, par nature, est un énorme opportuniste, ce n'est pas un analyste ou un universitaire – il fait les choses à l'instinct, ce qui n'est pas différent de tous les autres grands acteurs du passé comme Onassis. »

Aujourd'hui, l'homme d'affaires est classé à la 137e place des hommes les plus riches du monde selon *Forbes*, avec une fortune estimée à 15,5 milliards de dollars. Même constat pour le magazine norvégien *Kapital*. Son ancien bras droit, Tor Olav Trøim, confiait en 2011 que son patron lui avait dit le jour de ses 67 ans qu'il n'avait pas encore gagné assez d'argent pour pouvoir prendre sa retraite. *Forbes* a décrit John Fredriksen comme « un personnage trouble, connu pour ses beuveries et sa brutalité dans les affaires ».

À ce jour, son investissement le plus important reste celui qu'il a opéré dans le domaine de la pisciculture, avec le rachat de Marine Harvest en 2006. C'est un amateur de pêche à la mouche et il connaît parfaitement les méthodes de capture du saumon quand il remonte les cours d'eau norvégiens. Mais le temps de patauger dans les fjords est révolu. Il fallait passer au niveau supérieur et devenir le maître suprême du saumon, c'est-à-dire le numéro un mondial.

De Marine Harvest à Mowi

Le 1er janvier 2019, Marine Harvest change de nom et devient Mowi, une vieille marque appartenant à l'entreprise, mais dont le nom sonne plus moderne aujourd'hui. Sur son site internet, la firme explique : « L'entreprise que nous connaissons aujourd'hui sous le nom de Marine Harvest a été fondée à l'origine sous le nom de Mowi par des pionniers norvégiens de l'aquaculture il y a plus de 50 ans. » Puis, les chargés de communication de l'entreprise annoncent la couleur :

> « Depuis que notre premier saumon a été élevé en 1964, Mowi est devenue une entreprise mondiale entièrement intégrée, englobant l'élevage, l'alimentation, la transformation et la vente. Au cours des 50 dernières années, nous sommes toujours restés fidèles à notre valeur fondamentale : le soin que nous portons à nos employés, à nos poissons, à nos clients et à l'environnement. »

Une communication ciselée, impeccable et digne des grands groupes.

Le parcours de Mowi, entre sa naissance, sa disparition et sa résurrection, est un dédale de fusions et d'acquisitions que le monde de la finance résume d'ailleurs par un terme spécifique : Several M&As (*Mergers and Acquisitions*, littéralement « Fusions et Acquisitions »), avec les conseils avisés des banques d'investissement comme Goldman Sachs ou Rotschild & Cie. Sur le site internet du groupe, toute l'histoire est expliquée en quelques dates.

Mais pour Aslak Berge, auteur du livre *Goldfinger : l'Histoire de Mowi*, rien ne va dans cette frise historique. Ce journaliste travaille depuis vingt ans dans la finance et est spécialiste des produits de la mer. Il a d'ailleurs fondé le journal en ligne indépendant *iLaks.no*, axé sur l'industrie de l'aquaculture.

Son travail colossal permet de mieux comprendre l'histoire de Mowi. La société a commencé par des élevages marins dans des étangs clos et les détroits de l'archipel de Sotra, à l'ouest de la ville de Bergen, dès les années 1960. Thor Mowinckel, son créateur, fut le premier dirigeant de Mowi. Il est décrit par la marque comme celui qui « a posé avec passion les bases de l'aquaculture en sélectionnant et en élevant des saumons robustes ». Il s'est formé en Alaska dans la ville de Ketchikan, surnommée la « capitale mondiale du saumon ». Avec Norsk Hydro, géant de l'aluminium et des engrais, comme partenaire industriel, il fut l'un des pionniers de la production de saumons dans son pays. Les dirigeants de Norsk Hydro avaient jeté leur dévolu sur la jeune entreprise Mowi et s'étaient mis d'accord pour acheter l'entreprise à 50-50 à la fin des années 1960. L'idée de Thor Mowinckel était toute simple: rassembler les poissons dans les fjords sans qu'ils puissent migrer, les nourrir et enfin les pêcher. C'est ce qu'il commença à faire dès 1964. On se demande en quoi cette idée pouvait sembler révolutionnaire, tant nous sommes maintenant habitués à voir des poissons dans des nasses. Mais les saumons avaient une image de liberté profonde et personne n'aurait envisagé à l'époque de les encager comme il est de coutume, par exemple, pour les vaches dans leur enclos. Par ailleurs, les rivières abondaient de millions de saumons partout en Europe et l'idée même d'une extinction potentielle de cet animal semblait inconcevable.

C'est à Paris en 1969, non loin du quartier de l'Opéra, que Norsk Hydro s'associa avec Thor Mowinckel. Pourquoi signer à Paris? La raison est logique: Norsk Hydro était à cette époque dominé par des intérêts français à hauteur de 37 %. Et puis, en 1985, Norsk Hydro avale Mowi tout entier en rachetant la moitié de Thor Mowinckel. Adieu Mowi, le groupe change de nom pour le nom plus clinique d'Hydro Seafood.

Pendant ce temps, Unilever, la multinationale anglo-néerlandaise de nutrition, hygiène et soins, fabricante de rouge à lèvres et acheteuse d'huile de baleine, décidait en 1964 de se lancer dans la production de saumons en créant Marine Harvest. Le groupe s'intéressait à Karstein et Olav Vik, deux frères qui avaient réussi, à partir de 1955, à élever truites et saumons dans de l'eau de mer dans le village de Vikelva. À partir de 1959, ils avaient même expérimenté la libération des poissons dans des caisses flottantes en bois. Ce fut le point de départ du développement ultérieur des cages d'élevage. Leur société Nor-Laks écoulait principalement ses stocks en Suède. En effet, le marché norvégien n'aimait pas la chair de couleur blanche. Piqués au vif, les frères ont alors eu l'idée d'ajouter des carapaces de crevettes dans l'alimentation des poissons pour changer la couleur et rendre l'assiette plus appétissante. L'amalgame rose-rouge-orange en est ressorti, une couleur chaude qui suscite naturellement la faim et l'envie. Le monde entier s'intéressa aux frères qui furent invités à parler de leurs expériences au « Salmon Research Group » de Cambridge. C'est là qu'ils rencontrèrent des représentants d'Unilever et conclurent un accord en 1964.

Pour 20 000 livres sterling de l'époque, ils devaient mettre sur pied de nouvelles installations. Comme les deux frères ne vivaient pas de leur production de poissons (l'un était jardinier et l'autre architecte), cet argent était une aubaine. Sauf que tout ne se passa pas comme prévu.

> « L'accord avec Unilever était en réalité un accord bilatéral ; ils ont acquis des connaissances grâce à nous et vice versa. Mais Unilever a embauché dix autres biologistes et a installé de hautes clôtures autour de son usine. Après cela, nous avons été pour ainsi dire "exclus". Mais nous avions l'argent et cela nous a permis de survivre. Nous avons construit une installation d'acclimatation pour les saumoneaux juvéniles, des stations de pompage et une installation de stockage à froid », a raconté Karstein dans un livre sorti en 1990.

À la fin des années 1980, Marine Harvest a acquis la totalité des techniques des frères Vik en achetant entièrement leur société Nor-Laks, avant de biffer leur nom de l'histoire.

À l'aube du xxie siècle, l'avenir de la salmoniculture est déjà lié à celui de Marine Harvest, qui avale en 2000 Hydro Seafood, pour un peu plus 200 millions d'euros. Hydro est cette année-là le plus grand producteur de saumons, avec 70 000 tonnes par an. Une sorte de mariage tardif entre les précurseurs Thor Mowinckel et les frères Vik. En comparant avec l'évolution biologique du saumon, l'entreprise Marine Harvest est encore un smolt, à ce stade ! Il lui reste encore quelques kilomètres à nager pour rejoindre le grand bleu et se développer.

En 2006, John Fredriksen entre en scène et donne le coup de grâce à la concurrence. Le riche industriel prend les rênes de trois sociétés importantes : Marine Harvest, Fjord Seafood et Pan Fish. Il crée le monstre aux 400 000 tonnes de saumons de Norvège et lui donne le nom de Marine Harvest Group.

Le cas de Pan Fish mérite qu'on s'y attarde un peu. En 1992, trois anciens employés de la banque Christiania Bank et Kreditkasse ont racheté la branche pisciculture de la banque, pour 368 000 dollars. Les années 1990 furent une parenthèse enchantée pour l'exploitation du saumon. Après huit années de croissance ininterrompue, Pan Fish pesait plus de 1,2 milliard de dollars. Au même moment, de l'autre côté de la planète, les Chiliens avaient, eux aussi, attrapé la fièvre du saumon. Leur production s'envola de 47 %. Les conséquences furent immédiates et le château de cartes s'effondra inexorablement. Les prix mondiaux fléchirent. Résultat : alors que l'été 2000 voyait le prix du saumon se vendre aux alentours des 4 euros le kilo, l'automne 2001 fut brutal, avec un prix tombé à 1,60 euro. L'industrie de l'aquaculture entra dans sa crise la plus grave et la plus longue de son histoire.

Dans la tourmente, les comptes de Pan Fish virèrent au rouge et l'entreprise dut procéder à plusieurs restructurations et refinancements jusqu'à ce que les banques Nordea et DnB NOR sauvent les meubles. Selon le journaliste Aslak Bergé, « c'est l'histoire d'une ascension et d'un déclin sans précédent dans l'industrie internationale des produits de la mer ».

Juin 2005. Le magnat du transport maritime John Fredriksen rafle la mise et achète 48 % de Pan Fish pour 125 millions de dollars. Une broutille.

« J'ai passé 30 minutes à faire une présentation pour que John investisse dans le marché du saumon », explique Tor Olav Trøim, le plus proche conseiller de John Fredriksen. Il lui a notamment dit, outre le fait que le saumon était un aliment bon marché et sain, que c'était une industrie cyclique qui était proche du fond et que c'était le moment de se lancer.

Douze ans plus tard, le conseil d'administration de Marine Harvest prend la décision de changer de nom et de revenir aux sources : Mowi. Changement de cap et changement de prix. Mowi, dont la lettre O est représentée par un oméga, qui symbolise « l'unité des groupes, et l'harmonisation de l'ensemble des produits sous une seule marque ». C'est surtout le symbole des oméga-3 dont la chair du saumon regorge. Ils sont d'une aide considérable en matière de santé cardiaque et de fonction cognitive. Des études récentes ont même montré qu'ils contribuent à réduire les risques de certains cancers.

Mais le changement de nom de Marine Harvest en Mowi est en grande partie « le résultat des connotations négatives que les consommateurs associent [à ce nom] », a déclaré Alf-Helge Aarskog, P.-D.G. de Mowi. Les atteintes à l'environnement relayées dans la presse ont eu raison de la marque. Dans ces cas-là, la seule opération marketing possible est d'enterrer l'ancien nom et de proposer du neuf.

En s'introduisant dans le monde rose du saumon, Fredriksen n'a pas fait les choses à moitié. Impossible de jouer les petits bras. Il veut maîtriser toute la chaîne de production : de l'alimentation à la transformation. Pour cela, il achète, revend, prend des actions et lance des acquisitions. En quelques années, Mowi s'est imposé en pisciculture comme un alligator dans une mare aux canards. En décembre 2024, sa capitalisation boursière s'élevait à 9 milliards d'euros. Le volume de ses poissons, produits à Helgeland au nord du cercle arctique, est parmi les plus rentables du conglomérat multinational. Les résultats battent des records d'année en année. Les volumes de récolte en 2023 ont propulsé le groupe dans les étoiles avec un chiffre étourdissant de 474 664 tonnes, un record historique, corrélé à un chiffre d'affaires le plus élevé jamais enregistré planant à 5,5 milliards d'euros. Mowi est sorti de ses frontières. La plus grosse partie de son saumon provient de Norvège (62 %), puis vient le Chili (15 %), l'Écosse (11 %) et le reste de la production est partagé entre le Canada, l'Islande, les îles Féroé et l'Irlande. La suite est encore plus folle, avec le bilan 2024 et ses 500 100 tonnes, et les prévisions de 2025 qui tourneraient autour des 520 000 tonnes. À ce rythme, Mowi produirait donc 1 milliard de tonnes en 2044 !

Le deuxième actionnaire de Mowi n'est autre que l'État, via le fonds souverain Folketrygdfondet, à hauteur de 8 %. Ce fonds ouvert en 1967 a pour mission de gérer « des actifs financiers publics [...] pour garantir des rendements financiers solides dans le temps et être un investisseur à long terme ». Cet investisseur public a également des parts dans des magasins discount ou des entreprises de génie civil. Si l'État s'en mêle, c'est que l'investissement est à moindre risque et que, par conséquent, l'avenir du saumon norvégien semble radieux.

« Rappelez-vous bien que chaque aliment acheté est un vote. Nous pouvons être tentés, en tant qu'individus, de penser que nos petites actions ne comptent pas vraiment, qu'un plat ne fera pas la différence. Mais, justement, chaque plat, chaque bouchée est riche d'une longue histoire qui nous raconte où ces aliments ont été cultivés, élevés, récoltés. Nos achats, nos votes détermineront la suite du parcours. »

Jane Goodall,
Nous sommes ce que nous mangeons,
Actes Sud, 2008

Pesticides, surpopulation, déformations...

L'ENVERS DE LA PRODUCTION

Un cartel scandinave

Un poisson sur deux dans le monde provient d'entreprises norvégiennes. Perché sur son piédestal, Mowi demeure le leader mondial incontesté. D'autres entreprises scandinaves occupent également le terrain comme Lerøy Seafood, Grieg Seafood, Bremnes ou SalMar, pour ne citer qu'elles.

La machine piscicole norvégienne est inarrêtable et voit l'avenir en rose. Troisième force économique du pays après le pétrole et le gaz, les exportations de saumons représentent environ 2 % du PIB annuel de la Norvège, avec 1,2 million de tonnes de saumon d'une valeur de 10,25 milliards d'euros exportées en 2023, selon le Conseil norvégien des produits de la mer (Norwegian Seafood Council). Avec environ 1 070 fermes piscicoles éparpillées sur ses côtes, du nord au sud, l'activité de 2023 a généré 71 % de la totalité des exportations des produits de la mer du pays. Cela correspond à un peu plus de 16 millions de repas.

Régner en maître dans un secteur qui séduit le pouvoir en place donne un sentiment de toute-puissance et permet de réinventer les règles. Pour paraphraser Henri Bergson, quand l'homme veut dominer le monde au lieu de le vivre, il le schématise et le conceptualise, afin de pouvoir ainsi en dresser une image technique susceptible de servir sa domination. C'est ce qu'ont fait les producteurs de saumons norvégiens entre 2011 et 2019 : on parle alors de l'affaire du « cartel du saumon ».

En février 2019, l'histoire a fait la une des journaux quand les régulateurs antitrust ont perquisitionné des élevages dans plusieurs pays de l'Union européenne dont certains appartenant à Mowi, qu'ils soupçonnaient d'avoir formé un cartel pour s'entendre sur les prix. Les autres incriminés sont Cermaq, Grieg Seafood, Bremnes, Lerøy et SalMar. L'enquête est toujours en cours. La commission européenne a précisé dans un communiqué en janvier 2024 que « le comportement présumé concerne les ventes de saumons frais, entiers et éviscérés élevés en Norvège, qui représentent près de 80 % de l'ensemble des saumons atlantiques d'élevage exportés de Norvège ». La vice-présidente exécutive chargée de la politique de concurrence Margrethe Vestager a enfoncé le clou : « Nous craignons que six producteurs de saumon aient échangé des informations commercialement sensibles dans le but de limiter la concurrence sur le marché, au détriment des consommateurs européens. »

Ces entreprises risquent une amende pouvant atteindre jusqu'à 10 % du chiffre d'affaires annuel mondial.

Cette affaire n'a pas redoré la réputation du saumon en Norvège. Les populations nordiques boudent en effet la consommation de saumon, principalement à cause des maladies et des fortes mortalités des saumons d'élevage. Un problème qui a doucement instillé le doute dans leur esprit. Déjà en 2013, le gouvernement norvégien avait reconnu que le saumon du pays était sans doute moins bon que prévu pour la santé. Ayant pour habitude de conseiller aux habitants de consommer du poisson gras au moins trois fois par semaine (entre 300 g et 450 g), les autorités ont finalement écouté le Comité scientifique pour la sécurité alimentaire (le *Vitenskapskomiteen*), qui recommandait depuis 2006 de limiter à deux repas de poisson gras par semaine (200 g maximum) en raison de la teneur en toxines. La population à risque sont les enfants et surtout les femmes enceintes dont les fœtus sont particulièrement vulnérables. Cette contamination provoquerait une augmentation de l'autisme, des troubles neurodéveloppementaux et une baisse de QI.

Une récente étude américaine vient corroborer ces craintes en montrant qu'« une consommation [...] plus importante de saumon était associée à des traits liés à l'autisme [léger] ».

Par ailleurs, les saumons d'élevage sont beaucoup plus contaminés et néfastes pour la santé humaine que le poisson sauvage, à tel point que ses effets bénéfiques se voient réduits à néant à cause des produits toxiques. C'est ce que dénonçait la même année l'ONG norvégienne Norges Miljøvernforbund (Green Warriors of Norway) lorsqu'un groupe de militants mené par Kurt Oddekalv, écologiste célèbre dans son pays et mort en 2021, ont rempli des chariots de produits à base de saumon dans plusieurs magasins pour y coller un autocollant « Contient du saumon d'élevage malade ou infecté ». Kurt Oddekalv expliquait aux journalistes que tout le saumon d'élevage vendu était malade ou infecté par l'anémie infectieuse (AIS) sans que les clients en soient avertis. Ce que l'on sait heureusement, c'est que ce virus devient inactif à des températures corporelles de 37 °C à 40 °C et qu'il est donc peu probable qu'il infecte un mammifère ou un oiseau.

L'enfer des fermes à saumons

Le développement de ces maladies est lié aux conditions d'élevage. Une ferme d'élevage de saumon classique se compose de six à dix cages marines circulaires. Chaque cage marine peut contenir jusqu'à 200 000 saumons dans un filet de 20 à 50 mètres de profondeur et de 50 mètres de diamètre. La densité de stockage maximale est de 25 kg/m^3 (et 10 kg/m^3 pour les labels bio), ce qui donne à chaque saumon produit de manière conventionnelle environ une baignoire d'eau chacun. Les saumons y resteront 12 à 24 mois avant d'être abattus.

Ils proviennent d'œufs collectés en faisant pression de façon répétée sur l'abdomen de femelles, sélectionnées parmi des souches domestiquées depuis plusieurs générations. Les œufs donnent vie aux alevins dans un lieu séparé : l'écloserie. Les alevins ainsi produits sont transférés dans un bassin d'eau douce, la nurserie, où ils seront nourris jusqu'à ce qu'ils deviennent des tacons. Le code génétique étant toujours programmé comme si les poissons étaient en pleine nature, les corps développent des taches sombres pour se camoufler des prédateurs. Le poème de la création ne s'arrête jamais, écrivait le naturaliste Henry David Thoreau. Sous l'effet d'une simulation lumineuse des saisons, les tacons se développent en saumoneaux. On leur fait croire que c'est le printemps pour enclencher artificiellement la smoltification. Pas de dévalaison ni de nage dans les courants des eaux fraîches et translucides des rivières vers les océans. Ici, tout est fait dans une piscine fermée, éclairée, automatisée et gérée par l'industrie piscicole. Maintenant argentés et longilignes, les saumoneaux sont plongés dans leurs bassins, nassés en pleine mer. L'enfer n'existe pas pour les animaux, ils y sont déjà.

Cette promiscuité entraîne implacablement une augmentation exponentielle des maladies et une véritable orgie de parasites tels les poux de mer, qui transmettent l'anémie infectieuse. À l'instar de l'être humain, pour qui le choléra est la maladie de la promiscuité et de l'insalubrité, les poux de mer sont ceux du saumon et de la truite d'élevage.

Présents dans toutes les mers du globe, ces poux font partie de la famille des copépodes, qui regroupent 10 000 espèces. Pourvus d'antennes et d'un œil unique, ces petits crustacés sont indispensables dans l'équilibre des océans en dévorant les micro-organismes proliférateurs et sont à la base de la chaîne alimentaire aquatique. Selon les scientifiques, l'ordre des copépodes existerait depuis un demi-milliard d'années sur Terre – rien que ça ! S'agissant du saumon, c'est le *Lepeophtheirus salmonis* ou *lakselus* qui se fixe sur la peau pour consommer le mucus, cette sécrétion visqueuse qui rend les poissons glissants. Souvent, il consomme aussi la peau et le sang. Des plaies ouvertes couvrent ainsi les poissons, en commençant par la tête. Condamnés à souffrir jusqu'à la mort, ils peuvent être euthanasiés, comme ce fut le cas en novembre 2023 en Islande, à Tálknafjörður, lorsqu'un million de poissons contenus dans

12 enclos appartenant aux entreprises norvégiennes Mowi et SalMar avaient été abattus. Pour ne pas gâcher, ces poissons morts avaient ensuite été destinés à la nourriture pour animaux, ce qui avait soulevé des questions sur les conséquences sanitaires potentielles.

Dans la nature, les animaux ont trouvé toutes sortes de parades pour se débarrasser des poux de mer, comme sauter hors de l'eau rapidement par exemple. D'autres poissons les mangent sur le corps de leurs congénères.

Mais dans les cages, serrés les uns contre les autres, privés de leur mobilité, les saumons d'élevage sont donc mangés vivants. Une « couronne de la mort » apparaît sur leur tête, où la chair est apparente, et ils sont dévorés lentement. Ces intrus parviennent à atteindre la population des saumons sauvages qui nagent à proximité. Dans l'archipel de Broughton au Canada, des scientifiques ont révélé que les poux de mer sont 8,8 fois plus abondants chez les poissons sauvages à proximité d'élevages contenant des saumons adultes et 5 fois plus abondants aux environs d'élevages contenant des saumoneaux que dans les zones situées loin des élevages de saumon. Ils précisent par ailleurs que le saumon meurt à partir de 1,6 pou par gramme de masse de l'hôte.

La menace est suffisante, en matière d'image et de business, pour que le secteur de la salmoniculture dépense chaque année plus de 400 millions d'euros afin de lutter contre ce fléau.

Le saumon sauvage est d'ores et déjà impacté. Le Conseil scientifique pour la gestion du saumon norvégien a dressé un constat inquiétant dans un rapport sur l'état des stocks de saumons du pays en 2024 :

> « Les deux captures les plus faibles ont [...] eu lieu au cours des trois dernières années. Le nombre de saumons qui retournent chaque année dans les rivières à saumon norvégiennes a diminué de plus de moitié depuis le début des enregistrements au début des années 1980. »

La truite sauvage ne se porte pas mieux et les poux de saumons constituent la plus grande menace à laquelle elle est confrontée à l'heure actuelle.

Des solutions existent, mais encore insuffisantes, d'autant que le réchauffement climatique dérègle les températures en surface et que le *Lepeophtheirus lakselus* prolifère dans les eaux plus chaudes.

Le phénomène El Niño, qui a été suivi de courants d'eau plus chaude et d'un nombre d'attaques de méduses jamais atteint en vingt ans, a fait grimper en 2024 la mortalité des poissons à un niveau record de 16,7 %, a déclaré l'Institut vétérinaire norvégien.

L'institut a analysé les différentes causes qui ont amené à ce chiffre jamais vu. Si plus de 20 % de la mortalité est inconnue, 38 % a été causée par des maladies infectieuses tandis que 33 % était la conséquence de blessures ou traumatismes, occasionnés le plus souvent lors des traitements contre les poux. Aussi ubuesque que cela puisse paraître, le traitement contre les poux de mer tue autant que les poux de mer ! Au départ, les solutions chimiques que l'on répandait dans les cages étaient ce qui se faisait de mieux. Mais c'est un massacre pour l'environnement et, à force, les organismes vivants deviennent résistants aux médicaments.

Pesticide mon amour

En Écosse, l'autre pays du saumon, les autorités sont plus souples quant à l'utilisation de produits chimiques pour éradiquer les parasites.

La SEPA (Scottish Environment Protection Agency), qui est l'agence écossaise de protection de l'environnement, réglemente l'utilisation de pesticides tels que le benzoate d'émamectine, de l'azaméthiphos et de la deltaméthrine.

Derrière ces jolis noms se cachent des insecticides dangereux pour la biodiversité. Dans la plupart des fermes ouvertes, le courant marin circule librement et emporte avec lui les divers traitements chimiques disséminés par les ouvriers aquacoles, comme la deltaméthrine, qui s'est avérée extrêmement toxique pour les crustacés non ciblés tels que les larves de homard.

Ce pesticide est administré dans un « bain thérapeutique » dans lequel les saumons sont plongés le temps d'éliminer l'ensemble des parasites qui les couvrent. Une fois le traitement terminé, l'eau contenant des résidus chimiques est rejetée dans l'environnement. Une étude a pourtant clairement démontré que « de vastes zones autour des installations d'aquaculture sont exposées à des concentrations létales [...] après des traitements contre les poux de mer ». Par ailleurs, l'effet nocif se fait sentir dans un rayon allant jusqu'à 39 kilomètres autour de l'élevage. En Australie, c'est la raie de Maugean, une espèce endémique de l'État de Tasmanie, qui est au bord de l'extinction à cause des élevages implantés dans son habitat naturel. La Norvège interdit la deltaméthrine depuis 2019 à moins de 500 mètres d'une zone où vivent les crevettes. Tout récemment, l'ONG PAN Europe a demandé à la Commission européenne, dans une lettre du 26 février 2025, son retrait immédiat du marché alors que « de nouvelles recherches montrent que l'exposition de souris enceintes à de faibles doses de l'insecticide provoque des lésions cérébrales chez la progéniture ».

Même constat dans cette autre étude : l'azaméthiphos, cette fois, est vendu par Benchmark Animal

Health. Administré en bain comme la deltaméthrine, il a été constaté que cet insecticide a des effets toxiques sur les larves de homards après une exposition d'une heure seulement. D'autres animaux, comme les crabes et autres crustacés présents dans la zone, ont aussi été touchés.

Dans ce cocktail explosif de produits, les saumons seront quand même estampillés « biologiques », car la SEPA en autorise l'épandage. Pour se justifier, l'agence s'appuie sur une étude de 1998 réalisée par… Novartis Animal Health UK Ltd, qui fabrique le Salmosan®, dont le principe actif est le fameux azaméthiphos. Depuis, les autorisations sont distribuées sans peine, et ce malgré les études scientifiques qui pointent du doigt la dangerosité du produit. Une étude publiée dans *Nature* en 2019 a montré que cette substance « modifie le profil biochimique de la truite, ce qui pourrait s'expliquer par la cascade physiologique de destruction des globules rouges ».

Pour tenter d'enrayer cette destruction du vivant et montrer leur bonne volonté, des industriels financent des tests grandeur nature de dépollution des sites. Pour le moment, l'expérience en est encore à ses balbutiements.

D'aucuns pourraient penser que ces produits chimiques permettent de soigner les saumons. Or la réalité est toute autre, avec une mortalité qui reste encore très élevée. Un document récent du gouvernement écossais indique qu'en janvier 2025, 3 millions d'individus ont péri. C'est 10 000 saumons par jour qui se retrouvent le ventre en l'air. De manière générale, les causes de décès sont diverses : parasites, maladies et parfois les prédateurs qui trouent les filets ou sautent par-dessus les enclos.

En 2023, des taux de mortalité record avaient été signalés dans ces fermes écossaises, avec 17,4 millions de morts prématurées parmi les poissons adultes. Même constat en Norvège où 62,8 millions de poissons étaient morts cette année-là, soit un taux de mortalité de 16,7 %. Ces taux indiquent des conditions de vie désastreuses pour les poissons et démontrent surtout une mauvaise performance environnementale. Conséquence directe : les pesticides et autres traitements ont été encore plus utilisés pour endiguer le problème.

Par exemple, le Paramove est utilisé sur chaque saumon infesté par les poux de mer et les autres parasites. Derrière son nom commercial, c'est un produit qui contient 50 % de peroxyde d'hydrogène, le même ingrédient que dans l'eau de Javel. Après la manipulation, l'eau peroxydée est jetée à la mer, ce qui n'est pas dangereux, selon l'entreprise britannique Scottish Sea Farms. Celle-ci rassure, en affirmant que le produit se désintègre rapidement. En revanche, ce qu'elle ne dit pas, c'est que la décomposition dépend de la température. En effet, si le produit chimique se dégrade de 67 % à 15 °C après sept jours, il se dégradera plus lentement dans les plans d'eau plus froide, ce qui est le cas de ceux d'Écosse.

Aussi, la SEPA affirme qu'entre 2016 et 2021, les entreprises écossaises ont libéré dans la mer 40 millions de litres de peroxyde d'hydrogène. Les impacts sont considérables quand on sait que le peroxyde d'hydrogène est néfaste pour les algues et les crevettes et que ses impacts se font sentir jusqu'à un kilomètre autour d'une ferme salmonicole traitée.

Cyperméthrine, teflubenzuron ou benzoate d'émamectine, les producteurs ont à leur disposition toute une gamme de produits de traitement pour « épouiller leurs stocks ». L'un des plus célèbres reste le diflubenzuron, interdit dans l'Union européenne mais autorisé comme médicament vétérinaire pour les salmonidés en Norvège avec une dose limite maximale de 1 000 µg/kg. Une étude a montré que le diflubenzuron agissait sur le développement embryonnaire de certains poissons et propose « d'explorer des solutions qui assureraient la sécurité et la protection des animaux et de l'environnement ».

Cette substance active avait fait parler d'elle en 2010, quand le ministre de l'Agriculture Bruno Le Maire avait demandé des explications à son homologue norvégienne suite à une réclamation d'ONG françaises. Tranquillement, la ministre avait répondu avec aménité :

« Le diflubenzuron était un produit vétérinaire d'usage légal dans l'élevage du saumon [et qu]'il [était] soumis à la réglementation fixant les concentrations maximales de substances pharmacologiques actives qui peuvent être présentes sous forme résiduelle dans les produits alimentaires d'origine animale. »

En effet, quelques années plus tard, plusieurs scientifiques de l'Institut de la recherche marine de Bergen en Norvège avaient confirmé que des résidus pouvaient être trouvés en bout de chaîne. À part le diflubenzuron, ils avaient également trouvé de l'émamectine (dont le nom commercial est SLICE), de la cyperméthrine et du téflubenzuron.

Quand elles sont détectées par les analyses, ces doses sont présentes en quantité inférieure aux limites maximales de résidus (LMR). Rassurant ? Pas vraiment.

Pour les chercheurs, le débat ne se base pas sur l'éventualité d'ingérer des pesticides, mais sur l'évaluation de la quantité avalée chaque jour par l'être humain. Prenons le cas du benzoate d'émamectine. Inventé en 2001 par un laboratoire américain, il est largement utilisé aujourd'hui contre les larves que l'on trouve dans les rizières ou les arbres fruitiers.

Les chercheurs expliquent que si une personne, pesant 60 kg, consomme 200 g de saumon contenant

94 ng/g d'émamectine, cela contribuerait à 63 % de la dose journalière acceptable. Si une personne décide d'accompagner son poisson avec du riz traité et termine en croquant une pomme elle aussi arrosée du produit pesticide, alors elle aura de fortes chances d'augmenter le taux de benzoate d'émamectine dans son corps, ce qui pourrait affecter les fonctions de son foie.

Par ailleurs, en 2017, une étude écossaise démontra que l'émamectine pouvait réduire de 83 % le nombre de crustacés à proximité des fermes salmonicoles. Dans la foulée, la SEPA (Scottish Environment Protection Agency), qui est en charge des licences d'exploitation pour les fermes piscicoles, avait annoncé qu'elle allait introduire des limites plus strictes pour son utilisation, allant même jusqu'à suggérer une interdiction pure et simple.

Cependant, ce changement réglementaire a été considérablement atténué et retardé à cause d'un lobbying intense des principales entreprises d'élevage de saumon en Écosse. La SEPA a défini à 272 g/kg le seuil de quantité d'émamectine administrable à partir de 2028. C'est 23 fois ce que l'agence avait préconisé avant que les multinationales Mowi, Bakkafrost et Scottish Sea Farms (cogérée par les sociétés SalMar et Lerøy ltd) ne s'en mêlent.

Après avoir critiqué le processus réglementaire et remis en question les fondements scientifiques de la limite définie, les groupes piscicoles ont maintenant trois ans devant eux pour obtenir le retrait des contraintes pour utiliser l'émamectine. Pour le lobby du saumon écossais, Salmon Scotland, il n'est pas « approprié » d'adopter de limite quelconque.

De son côté, Mowi a expliqué que la mise en place d'une limite des doses utilisées « a été motivée par un besoin d'apaiser l'activisme qui a considérablement déformé la réalité concernant les effets sur l'environnement ». L'activisme dont parle le groupe norvégien, c'est sans doute celui de l'organisme public NatureScot qui souhaite que le seuil limite entre en vigueur immédiatement, ou encore le Coastal Communities Network qui rassemble une trentaine d'associations écologiques en Écosse et qui a averti que l'industrie de l'élevage du saumon devait être totalement désespérée de n'avoir trouvé aucune solution pérenne pour vouloir ainsi continuer à utiliser l'émamectine.

En tout, une soixantaine de recours ont été déposés par les professionnels écossais du saumon afin que les nouvelles normes imposées par la SEPA concernant l'émamectine disparaissent. Ils veulent revenir sur l'ensemble des nouvelles mesures décidées par l'agence sur les poux de mer et accusent la SEPA de surestimer considérablement le nombre de ces derniers dans les fermes, ainsi que la menace qui pèse sur les saumoneaux sauvages.

Les poissons nettoyeurs à la rescousse

Côté norvégien, c'est dans les fjords du pays que les premiers scandales liés au saumon ont éclaté. Accusés d'être des producteurs de « poulets de mer » truffés de poisons dès les années 1990, les producteurs nordiques ont freiné à partir de 2012 l'utilisation de certains produits nocifs. Ils commençaient par ailleurs à être confrontés à une baisse d'efficacité de leur traitement sur les poux de mer. En effet, les petits copépodes avaient développé avec le temps une forme de résistance aux poisons.

Une autre option est d'injecter dans les cages à saumons des lompes, ces fameux poissons nettoyeurs, poissons qui apparaissent d'ailleurs sur la liste des animaux en danger. Leur population a diminué d'un quart en vingt ans. Malins, les industriels norvégiens ont donc mis en place des fermes pour produire des lompes. C'est le paradoxe d'un système déjà usé jusqu'à la corde qui fonctionne à coups d'investissements.

En remplacement des traitements chimiques, les professionnels ont donc opté pour une approche plus naturelle en privilégiant l'utilisation de « poissons nettoyeurs », c'est-à-dire des animaux adoptant un comportement de nettoyage mutualiste. Cet épouillage biologique à l'aide de poissons annexes est particulièrement intéressant, car il expose le saumon à très peu de stress et réduit les niveaux d'infection par les poux du poisson.

En bout de chaîne, dans les magasins, la chair de saumon sera estampillée « sans pesticides » sur les paquets. Comment ne pas croire alors à une chaîne de production vertueuse ? La réalité est un peu différente. Penchons-nous dessus.

Ce sont les lompes et les labres qui sont utilisés pour aider la salmoniculture. Ils sont invertivores, c'est-à-dire qu'ils ne se nourrissent que d'invertébrés comme les poux de mer.

Utilisés comme d'efficaces aspirateurs à parasites, une grande partie des labres sont capturés à l'état sauvage avec des appâts dans des casiers posés au fond de l'eau et dont il est impossible de réchapper. Cependant, la pêche aux labres était encore peu réglementée jusqu'à récemment. Elle est encore critiquée par les groupes de conservation et de pêche à la ligne, qui affirment qu'elle pourrait avoir un impact grave non seulement sur les populations de labres, mais aussi sur l'écosystème côtier dans son ensemble.

Parmi toutes les espèces de labres existantes, le labre goldsinny (ou cténolabre), le corkwing (ou crénilabre mélops) et le ballan (appelé vieille commune, que l'on peut voir sur les étals des poissonniers sur nos marchés) sont les petits soldats qui travaillent gratuitement. En 2023, un quota de capture à 10 millions de labres a été fixé en 2023 en Norvège occidentale et 4 millions dans le Sud et au nord du 62e parallèle. Cette différence s'explique par la disparité du nombre de labres sauvages le long des côtes norvégiennes. Aussi, pour que ces poissons puissent atteindre leur maturité sexuelle et se reproduire au moins une fois avant de se faire capturer, des limites minimales de taille ont été décidées trente-cinq ans après les premiers essais.

Les Norvégiens ont également développé quelques fermes à labres, mais cette pratique est plutôt réservée aux lompes. Ces petits poissons ventouses en forme de boule et aux yeux globuleux originaires de l'océan Atlantique sont très fragiles et ne supportent pas d'être manipulés. Élevés dans des écloseries, les alevins de lompes sont ensuite transportés par camion ou bateau vers les fermes salmonicoles. Durant ce voyage, ils meurent en masse. Seule solution : anesthésier chaque individu avec du Benzoak ou avec le MS-222. Ces sédatifs au nom d'armes de guerre sont indispensables pour les producteurs s'ils veulent parvenir à leur fin. L'une des rares entreprises à produire des lompes est Ocean Matters, basée au Pays de Galles et rachetée par Mowi en 2019.

Une fois arrivés sur site, les petits poissons sont déversés dans les cages à saumon où ils vivront tant bien que mal.

Une étude sur 488 sites de production de saumons réalisée entre 2016 et 2018 a montré que les effets des poissons nettoyeurs sur la densité des poux avaient tendance à être de courte durée, à cause d'une forte mortalité d'une part et de multiples évasions d'autre part. Ces mêmes évasions brisent les frontières entre les différents groupes, transmettent de nouvelles maladies et provoquent des influences génétiques. Des études génétiques menées dans le comté de Trøndelag ont montré des croisements entre des poissons locaux et des poissons issus de la région du Skagerrak, attribués au transport et à l'évasion des sites de reproduction. Noyé dans l'utilitarisme anthropique, le système saumon génère d'autres systèmes identiques comme un assemblage de poupées russes.

Pour couvrir cette mortalité explosive, l'industrie a produit une quantité prodigieuse de lompes et de labres jusqu'à la période COVID, soit jusqu'à 50 millions par an.

Alors que l'espérance de vie des « poissons nettoyeurs » peut aller jusqu'à dix ans, elle n'excède pas les dix-huit mois dans ces fermes de la mort. Rares sont les exploitations piscicoles qui enregistrent les poissons nettoyeurs survivants après la fin de leur cycle de production. Certains sont même abattus avec les saumons en fin de saison.

Selon une enquête menée par l'Autorité norvégienne de sécurité des aliments, les fermes piscicoles du sud de la Norvège ont signalé que près de 60 % des lompes qu'elles avaient placées dans leurs cages étaient mortes. Dans une étude plus ancienne, le taux de disparition prématurée des poissons nettoyeurs touchait les 100 %.

D'après l'Alliance norvégienne pour la protection des animaux, un quart des installations aquacoles contrôlées par l'Autorité norvégienne de sécurité des aliments s'écarteraient de la norme et deux tiers des installations piscicoles plus propres présentaient des écarts.

Plusieurs raisons expliqueraient ce carnage. Tout d'abord la faim. En effet, certains pisciculteurs ne les nourrissent qu'occasionnellement, ou très peu, afin de stimuler leur appétence aux poux. Or, les poissons nettoyeurs ne mangent les poux que comme collation et ont besoin de leur propre nourriture, différente de celle des saumons. Une autre étude norvégienne qui a suivi l'évolution des lompes durant une année a constaté qu'un à deux tiers de ces petits poissons « ont été évalués comme étant en sous-poids ou émaciés à tout moment pendant la période de surveillance, ce qui suggère que les besoins nutritionnels des lompes ne sont pas entièrement satisfaits dans les cages marines ». En outre, il a été observé que les lompes dévorent leurs congénères plus jeunes. Ce cannibalisme serait provoqué par une dérégulation de la lumière. Les signes d'agressivité diminuent lorsque les poissons ont douze heures de lumière suivies de douze heures d'obscurité.

Les mauvaises conditions de vie jouent un rôle primordial dans le déclin de ces poissons. Ayant besoin d'endroits sombres où se cacher, ce sont des poissons de roche qui n'ont pas l'habitude de nager dans la pleine eau. Dans les grands enclos, ils n'ont rien pour se mettre à l'abri. Par ailleurs, les lompes ne possèdent pas de vessie natatoire, organe qui leur permet de ne pas couler comme les autres poissons. Elles dépensent donc constamment de l'énergie pour nager et s'appuient habituellement sur les surfaces pour s'aider. Mais dans les grandes nasses d'eau profonde au milieu des fjords, il n'y a aucune surface sur laquelle s'aider, alors c'est l'épuisement et la mort assurée.

Enfin, et c'est la troisième raison, ces eaux en surface sont pauvres en oxygène. La mortalité médiane est plus élevée chez les poissons nettoyeurs dans les installations qui utilisaient des jupes. Explication : comme les poux du saumon nagent dans les premiers mètres de profondeur, juste sous la surface, les industriels placent des écrans le long du bord de la cage pour empêcher les poux du saumon d'y pénétrer avec le courant de l'eau. L'inconvénient est que ce dispositif coupe le courant et fait baisser le taux d'oxygène.

Des chercheurs qui ont lancé une vaste étude auprès des fermes aquacoles ont reçu 286 réponses après avoir lancé un long questionnaire. Ils ont appris que la plupart des « poissons nettoyeurs » qui survivaient étaient de toute façon tués par les exploitants en fin de production car, pour eux, les garder vivants, en bonne santé et dans les règles était tout simplement trop coûteux. Comme une vieille voiture qui n'est plus cotée à l'argus, si les réparations sont plus chères que la valeur de la voiture, on la met à la casse.

Pis, les données probantes concernant l'efficacité des « poissons nettoyeurs » ne sont pas suffisamment solides et trop peu d'études ont été menées dans les grandes cages marines représentatives de l'environnement à l'intérieur desquelles les poissons nettoyeurs sont réellement utilisés. Les données disponibles aujourd'hui suggèrent que le contrôle des niveaux de poux à l'aide de poissons nettoyeurs n'est pas nettement plus efficace que d'autres méthodes d'épouillage. Histoire d'en ajouter une couche, une étude norvégienne avait révélé que les consommateurs de poissons d'élevage étaient prêts à payer plus cher pour plus de respect du bien être des poissons.

Conséquence directe, le nombre de lompes et de labres est aujourd'hui en chute libre dans les fermes à saumons. En septembre 2024, SalMar, l'un des géants du secteur, a décidé de fermer son écloserie de poissons nettoyeurs située à Stjørdal près de Trondheim. Idem pour Mowi qui veut passer à autre chose en communiquant largement sur sa prise de conscience éthique et écologique. Le mastodonte norvégien s'est lancé dans sa « Révolution bleue » afin de

> « libérer le potentiel de l'océan comme source alimentaire pour les générations présentes et futures. Notre objectif principal est de produire davantage de nourriture issue de l'océan pour une population mondiale croissante, tout en respectant la capacité d'assimilation de l'océan [...]. Notre stratégie de développement durable s'articule autour de nos principes directeurs : planète et personnes ».

Autre paradoxe, l'un des systèmes les plus en vogue actuellement est l'aspiration des poissons dans un tube, un par un, qui les fait passer ensuite dans une eau plus chaude, à 30 °C. C'est la méthode par « Thermolicer », nom de cette machine infernale. Chaque individu est ainsi passé sous des jets d'eau puissants et renvoyé dans son eau froide. La violence du procédé provoque la mort d'un saumon sur cinq, soit une mortalité aussi importante que celle causée par les poux de mer !

Face à cette situation inextricable, les ingénieurs et les biologistes se creusent la tête pour trouver la bonne formule, avec des ultrasons diffusés dans les cages, des impulsions électriques pour rendre les poux inactifs ou transformer génétiquement les saumons pour les rendre résistants.

Récemment, un drone sous-marin particulièrement efficace, commercialisé par la société Stingray, a été vendu dans une centaine de fermes du pays. Ses caméras lui permettent de repérer les fameux poux et de les éliminer en projetant un laser qui a pour avantage de ne pas blesser le saumon visé puisque ses écailles reflètent la lumière.

La Norwegian Seafood Research Fund, quant à elle, a financé des essais à l'aide de cages fermées et immergées en profondeur, pour aller chercher les eaux plus froides. Appelée *snorkel sea-cage*, la technique consiste à maintenir les saumons jusqu'à 20 mètres sous le niveau de l'eau par un toit en filet, tout en les laissant accéder à la surface par un tube, afin de remplir leur vessie natatoire, qui leur permet de ne pas couler au fond des mers. Avec cette méthode, l'épidémie baisse de 75 %.

L'Écosse parmi les plus productifs

Le saumon écossais, principalement d'élevage, reste la première exportation alimentaire du Royaume-Uni et prend toute sa place dans l'aquaculture britannique. Il couvre à lui seul 96 % de l'industrie aquacole, dont le chiffre d'affaires en 2024 totalisait plus de 844 millions de livres sterling, soit environ 1 milliard d'euros, un record. En dix ans, cela correspond à une progression de 154 %. L'Écosse est également le troisième pays producteur au monde après la Norvège et le Chili, avec 7 % de la production mondiale.

La France représente le plus grand marché pour le saumon écossais, avec des ventes annuelles de plus de 40 000 tonnes de saumons, d'une valeur de 462 millions de livres sterling en 2024. Notre pays est la destination de 62 % de toutes les exportations de saumon écossais, suivi des États-Unis (225 millions de livres sterling) et de la Chine (76 millions de livres sterling).

Les fermes salmonicoles, autrefois artisanales, sont désormais une activité qui donne le ton du marché anglais de la production alimentaire. La demande de saumon écossais progresse à une cadence infernale dans le monde entier. Près de 30 % de tout le poisson vendu au Royaume-Uni est du saumon d'élevage.

Ce merveilleux poisson qui frayait librement dans les cours d'eau du nord de l'Europe est devenu une planche à billets, d'autant que l'Écosse veut doubler les chiffres d'ici 2030.

La grande mutation a d'ailleurs déjà commencé. Depuis 2005, la taille des fermes en Écosse a grossi de 84 %[1]. Mais qui dit gros chiffres dit grands défis, tant en matière d'éthique que de durabilité. Car les fermes plus grandes produisent plus de déchets. *Idem*, les cages qui prennent plus de place ont un impact sur l'oxygène dissous disponible pour les poissons qu'elles contiennent. Pour finir, la proximité des cages entre

1. Augmentation de 61 % au Chili, 84 % en Écosse, 212 % aux îles Féroé et 221 % en Norvège.

elles influence le risque d'incidence et de propagation des maladies.

L'Écosse comptait 213 fermes en 2023, c'est cinq fois moins que la Norvège. La différence avec les méthodes scandinaves réside dans la conception des cages, qui sont dites « ouvertes ». En surface, vous ne verrez que des cercles correspondant aux différents enclos, qui peuvent pourtant contenir chacun jusqu'à un million d'individus. En profondeur, les filets sont tirés, lestés par des poids qui les tendent, sans toucher le fond pour autant. En cas de forte houle voire de tempête, ce système devient une passoire qui laisse s'échapper des milliers d'individus.

Les fermes à saumons se déploient dans les lochs écossais. Au milieu des Highlands, ces dernières s'étirent sur plusieurs dizaines de kilomètres, formant des lacs allongés typiques. Le Loch Ness, lui, a creusé sillon dans la vallée du Great Glen. Son volume d'eau et sa profondeur font de lui le plus important d'Écosse. Pour certains, ces proportions ont permis à Nessie, le plus célèbre monstre et résident du pays, de prospérer jusqu'à aujourd'hui. Sous le regard du château d'Urquhart remontant au XIIIe siècle, ces eaux sont sous la surveillance des agents du Ness District Salmon Fishery Board. En janvier dernier, ceux-ci ont observé la présence d'une centaine de saumoneaux et ont aussitôt adressé un message aux pêcheurs, notamment sur Facebook :

> « On ne s'attend pas à voir des saumoneaux sauvages dans le Loch [à cette période de l'année]. Nous demandons aux pêcheurs du Loch Ness de conserver tout saumoneau d'élevage suspecté de s'être échappé, et d'appeler ou d'envoyer un message au Ness DSFB afin que nous puissions organiser la collecte. [...] Il est important que nous recueillions un bon échantillon de ces poissons pour l'utiliser comme preuve. »

Pour comprendre pourquoi ces poissons d'élevage sont apparus dans le Loch Ness, il faut regarder sur une carte en direction du sud-ouest, vers le Loch Lochy. C'est là que Mowi Scotland produit chaque année les 30 % de saumoneaux annuels du groupe géant Mowi.

Cette étendue d'eau est reliée au Loch Ness par le canal Calédonien, le Loch Oich et la River Oich. La faune aquatique peut aisément nager entre les lochs et passer de l'océan Atlantique à la mer du Nord, et inversement. Pas étonnant donc de retrouver des saumoneaux dans le Loch Ness. Qu'est-ce qui a pu les faire sortir de leur filet ? C'est assez simple. Les 36 cages de saumoneaux de Mowi Scotland, qui sont visibles depuis l'espace, sont vidées chaque année avant l'hiver. Les poissons sont déplacés dans une vingtaine de camions qui défilent pendant une semaine jusqu'aux fermes marines de Maclean's Nose, Camus, Greshornish et Gorsten. C'est là, dans l'eau de mer, que la prochaine phase de croissance des saumoneaux doit se faire. Sauf si ces derniers trouvent entre-temps comment s'enfuir dans la nature.

En Grande-Bretagne, les autorités n'enregistrent les évasions que si elles sont liées à des sites d'élevage spécifiques. Les incidents liés au transport ont lieu, eux, en dehors de ce cadre. En cas de fuite massive, l'alerte n'est donc pas donnée. C'est ce qu'il s'est passé en février 2023 lors d'un autre événement d'ampleur : près de 80 000 poissons se sont échappés dans la mer alors qu'ils étaient transportés par bateau de Sutherland aux Orcades. Il semblerait qu'ils aient réussi à sortir par une trappe non sécurisée du réservoir du navire. Si la Green Britain Foundation n'avait pas fait la demande officielle de consulter les informations enregistrées et détenues par les autorités publiques[2], cet accident aurait pu ne jamais être divulgué. L'entreprise canadienne Cooke Scotland est la responsable du site. Ce géant mondial canadien du saumon emploie 13 000 personnes et déclare un chiffre d'affaires annuel proche des 3 milliards d'euros. Il est présent dans 14 États et se décrit comme la plus grande entreprise familiale privée de fruits de mer au monde.

Les fuites de poissons, Cooke les connaît. En août 2023, 50 000 saumoneaux s'étaient fait la malle sur

2. Il s'agit du Freedom of Information Act (FOIA) and Freedom of Information (Scotland) Act (FOISA) qui permet à chaque citoyen d'accéder à des informations. En France, il existe la liberté d'accès aux documents administratifs depuis 1978 et inscrite depuis dans la Constitution.

deux sites d'élevage dans le Maine, aux États-Unis. La faute fut imputée cette fois-ci aux otaries, soupçonnées d'avoir troué les filets malgré les protections anti-intrusions. Sauf qu'en venant se mêler à leurs congénères, ces saumoneaux d'élevage risquent de faire progressivement disparaître les saumons sauvages, en créant une pollution génétique.

Le saumon sauvage en danger

Ce saumon sauvage est en effet un baromètre de la santé de la planète. Il ne peut survivre que dans des eaux propres et fraîches et sa présence dans une rivière signale traditionnellement aux pêcheurs que l'eau est propre. Il incarne l'idée d'une espèce clé de voûte, dont la disparition compromettrait la structure et le fonctionnement d'un écosystème. Placé au centre de la redistribution des nutriments dans la nature, il capte le phosphore, l'iode ou le potassium dans les mers. Puis il transmet ces nutriments à ses prédateurs, comme les aigles ou les ours, qui fertiliseront à leur tour la forêt avec leurs urines et leurs déjections. Des profondeurs des océans jusqu'au sommet des montagnes, le rôle du saumon est donc primordial.

Sa disparition sonnerait le glas d'une organisation des choses naturelle et équilibrée, établie depuis des millions d'années.

Quand les saumons d'élevage s'échappent des parcs à filets, ils pénètrent dans les rivières pour frayer et se reproduisent avec les sauvages. Or ces « échappés » ne sont pas tout à fait les mêmes que leurs frères sauvages. Leur naissance a été gérée en laboratoire. Ils sont issus d'adultes sélectionnés provenant de souches domestiquées. S'ils se reproduisent avec des sauvages, leur patrimoine génétique, celui d'une espèce domestiquée plus faible et inadaptée à la vie en milieu naturel, sera partagé. C'est l'*introgression génétique*. Un mot barbare pour désigner la diminution de la variabilité génétique des poissons, qui réduira *ipso facto* les chances de survie des poissons issus du croisement.

Une étude norvégienne montre que, sur un échantillon qui représente 95 % de tous les saumons sauvages en Norvège, des changements génétiques importants ont été constatés dans 31 % des cas.

> « Ils grandissent plus vite en eau douce, migrent plus tôt vers la mer, grandissent plus vite dans l'océan et retournent dans les rivières plus jeunes. Leur cycle de vie s'accélère, ce qui fait qu'ils retournent dans les rivières légèrement plus petits que les saumons sauvages », énumère Kjetil Hindar, chercheur principal à l'Institut norvégien de recherche sur la nature.

Naturellement, si les poissons sont plus petits, ils sont plus vulnérables et auront moins de chance d'arriver à se reproduire. Aussi, ces nouveaux poissons hybrides risquent de perdre leur capacité d'adaptation et de ne plus pouvoir survivre dans leur habitat. En résumé, la répétition des fuites de saumons d'élevage dans la nature est en train de rayer d'un trait de plume l'existence du *Salmo Salar* sur notre planète.

La fuite de Carradale

Écosse, village de Carradale, le 19 août 2020 à 12 heures, une dépression pointe au milieu de l'Atlantique avec un changement de pression atmosphérique. Étant donné sa profondeur, le service météorologique britannique prévoit, pour cette tempête qu'il nomme Ellen, des rafales comprises entre 110 km/h et 130 km/h. Une combinaison d'ondes de tempête, de marées de vives-eaux et de vents du large a provoqué des inondations côtières, en particulier le long de la côte Sud du pays d'à côté, l'Irlande. Plus de 194 000 foyers et entreprises ont été privés d'électricité et la vitesse des vents sera finalement mesurée à plus de 180 km/h. La ferme de North Carradale, au nord du village, située dans le détroit de Kilbrannan, à une soixantaine de kilomètres à vol d'oiseau des côtes irlandaises, et qui contient plus d'un demi-million de saumons, ne sera pas épargnée par Ellen. Mus par une houle puissante, quatre des dix enclos circulaires se sont détachés de leurs ancres pour être retrouvés sur les plages d'Arran et de Carradale le lendemain. Pourtant, les cordes qui maintiennent les structures étaient de qualité marine, d'un diamètre de 4,8 cm de diamètre et ayant une résistance à la rupture de 89,5 tonnes.

De tels vents étaient certes exceptionnels, à tel point que, le 22 août à une heure du matin, l'énergie éolienne représentait près de 60 % du mix électrique britannique !

Avec le dérèglement climatique, « l'exceptionnel » devient « fréquent ». Et pour cause, des chercheurs ont trouvé que les dépressions sont 20 % plus intenses et génèrent sur les côtes atlantiques des vents jusqu'à 12 % plus forts qu'au siècle précédent.

En tout, à Carradale, 550 700 saumons pesant 4,2 kg ont été frappés par la tempête et pouvaient se sauver à tout moment. Quand survient une fuite massive, le poids des individus est systématiquement signalé afin d'estimer leur âge et donc leur degré de dangerosité vis-à-vis des espèces sauvages. Plus ils sont âgés et plus ils ont de chances d'aller se reproduire rapidement. Dans le cas présent, à plus de quatre kilos, le risque était effectivement élevé. Deux scénarios se dessinent alors : soit les saumons viennent tout juste de passer le cap de la maturité et les risques d'introgression sont forts ; soit, par chance, ils sont encore juvéniles et ils mourront dévorés par des prédateurs. Une étude a permis de trancher : les poissons échappés à Carradale étaient sous la barre de l'âge de la maturité et ne s'étaient pas reproduits. Un coup de chance inespéré.

La réaction rapide du personnel et des sous-traitants avait aussi permis de limiter le nombre de poissons échappés. Mowi Scotland révélera quelques jours plus tard que le nombre de fugitifs était précisément de 48 834. Les autres spécimens auront été récupérés ou sont morts, en espérant que d'autres individus ne soient pas allés plus loin que la zone d'observation, et que ces saumons-là ne se soient pas reproduits.

En tant que signataire de l'Organisation pour la conservation du saumon de l'Atlantique Nord (NASCO)[3], l'Écosse s'est engagée à respecter l'objectif de l'organisation : « 100 % des poissons d'élevage doivent être conservés dans les installations de production. » Malgré cela, un nombre important de saumons et de truites d'élevage s'échappent régulièrement, tant en eau de mer qu'en eau douce. Rien qu'en 2020, près de 140 000 saumons et truites arc-en-ciel d'élevage se sont échappés dans la nature.

Afin de fédérer les divers acteurs de la pêche en Écosse, le Fisheries Management Scotland, un organisme à but non lucratif, s'est créé en 2016 et représente les conseils de district de pêche au saumon. Il œuvre

3. L'Organisation pour la conservation du saumon de l'Atlantique Nord (NASCO) est une organisation internationale créée en vertu de la Convention pour la conservation du saumon dans l'océan Atlantique Nord en octobre 1983 (créée en vertu de la Convention des Nations unies sur le droit de la mer de 1982). www.nasco.int.

à la conservation du saumon sauvage et des poissons d'eau douce emblématiques du pays. Il est également très actif dans la capture de poissons d'élevage échappés. Lors de la fuite de Carradale, son directeur général, le docteur en physiologie marine Alan Wells, avait demandé rapidement aux pêcheurs « de rester vigilants face à tout poisson d'élevage entrant dans nos rivières ». Il avait ajouté que « tout poisson d'élevage capturé par les pêcheurs [devait] être expédié sans cruauté et signalé à l'Inspection sanitaire des poissons ». Mais comment savoir si on a pêché un saumon d'élevage ?

Dans un document officiel, l'association détaille comment reconnaître un poisson d'élevage : nageoires déformées ou raccourcies (en particulier les nageoires dorsales, pectorale et caudale) ; obus branchiaux déformés ou raccourcis (peuvent être d'un seul côté) ; museau déformé ou raccourci ; forte pigmentation (taches plus nombreuses que d'habitude sur le saumon sauvage).

Si un poisson présente au moins deux de ces caractéristiques, il est alors classé comme d'« élevage ». Le pêcheur qui l'a pris doit l'éliminer « sans cruauté » et prévenir les pouvoirs publics via Marine Scotland. Rien ne sera laissé au hasard et un rapport complet sera établi : date de capture, rivière de capture, une photographie du poisson si possible et un échantillon d'écaille sera prélevé pour connaître son âge.

Depuis janvier 2022 et la création d'un vaste programme, appelé le Wild Salmon Strategy, l'Écosse se donne jusqu'à 2028 pour faire en sorte que le saumon sauvage ne soit plus une espèce menacée. Le pays mise sur la coopération des 25 associations caritatives de gestion des rivières et des pêcheries et des 40 conseils de pêche au saumon.

Mais les évasions de saumons sont monnaie courante partout où les fermes usines s'installent. Aucun pays ne peut se targuer d'en être exempt. Des histoires comme celle de Carradale sont légion, et certaines beaucoup plus inquiétantes.

Le 9 février 2025, plus de 27 000 poissons de 5,5 kg se sont échappés du site de Storvika Vest, appartenant à Mowi, au nord de la Norvège. Les premiers éléments ont indiqué qu'une tempête puis un incendie étaient les causes de ce marasme. Compte tenu du poids de chaque individu, c'est une catastrophe pour les saumons indigènes. Qualifiant l'incident de « grave et très regrettable », Mowi a été sommée par le Fiskeridirektoratet, le ministère de la Pêche et des affaires côtières, de procéder à une pêche de recapture au-delà d'une zone de 500 mètres. Dans la panique, l'entreprise norvégienne a proposé aux pêcheurs de la région 500 couronnes (44 dollars) par saumon attrapé.

Un comble, le ministre norvégien de l'Environnement Andreas Bjelland Eriksen avait exclu quelques jours auparavant l'interdiction de l'élevage de poissons en filet ouvert en mer, tout en reconnaissant que le saumon sauvage de l'Atlantique Nord était « menacé existentiellement ». Le député écologiste et biologiste Rasmus Hansson a tenu alors à montrer que tous les Norvégiens n'étaient pas forcément convaincus par la salmoniculture. « Cette évasion doit être le coup de grâce pour les cages à saumon ouvertes traditionnelles. L'industrie s'excuse encore et encore, tandis que le saumon s'échappe encore et encore. Cela doit cesser maintenant. »

Un mois plus tôt, 15 000 saumons de 1,5 kg avaient pris la poudre d'escampette sur le site de Sandholmane, dans la ville d'Aukra. C'était cette fois l'entreprise norvégienne Lerøy Midt la fautive. De nouveau, les mêmes mots dans la bouche des mêmes responsables : « Nous prenons très au sérieux ces incidents de dégâts de filet et regrettons profondément que cela se soit produit », avait déclaré le directeur général Harald Larssen. Les poissons concernés avaient été diagnostiqués porteurs d'une maladie du pancréas, mais Lerøy avait précisé que leur état de santé général était bon, et de conclure que les poissons étaient propres à la consommation. Un régal, sans l'ombre d'un doute.

L'arrêt définitif des élevages dans l'État de Washington

Ces fuites à répétition ne laissent pas indifférents les pouvoirs publics. L'émotion qu'elles suscitent aboutit à des choix politiques drastiques, comme dans l'État de Washington aux États-Unis, qui a décidé d'arrêter net la production de saumons d'élevage.

En 2017, 305 000 spécimens répartis dans trois fermes usines se sont volatilisés du site de Puget Sound dans la baie de Deepwater. C'est sans doute l'une des plus grandes évasions de saumons d'élevage jamais documentée. L'histoire est relatée dans les pages du journal *High Country News*. En cette belle après-midi du 15 août 2017, Jill Davenport et son mari étaient en route avec leurs jeunes enfants pour aller poser des paniers de crabes au large de l'île Cypress, une île en grande partie non aménagée d'une quarantaine d'habitants, dans le Puget Sound, bras de mer de l'océan Pacifique. Devant eux, des cages, des radeaux flottants, cordes et autres chaînes formaient un amas difforme qui tournait lentement sur lui-même, laissant apparaître des algues et des moules. Jill Davenport s'est dit que quelque chose n'allait pas. Elle a tourné son téléphone vers la ferme et a filmé. Pour mieux comprendre l'ampleur de la catastrophe, il faut se mettre en tête que chaque ferme piscicole était plus grande qu'un terrain de football.

Aux manettes, l'entreprise canadienne Cooke.

Quelques minutes plus tôt, l'unique ouvrier du week-end avait téléphoné au directeur du site en l'alertant sur l'imminence d'un effondrement des cages. Les poissons pesaient 5 kg, autant dire qu'une catastrophe d'une grande ampleur était en cours quand on sait qu'à quelques centaines de kilomètres au nord, l'Alaska demeure l'un des derniers sanctuaires de saumons sauvage. Jill Davenport avait envoyé des photos par e-mail aux garde-côtes vers 16 h 30, mais n'avait vu aucun navire gouvernemental à 19 heures, heure à laquelle sa famille et elle quittèrent les lieux. C'est dans la nuit et au petit matin que le travail de réparation avait été lancé. Mais le lendemain, toute la structure s'est quand même disloquée. Au total, 260 000 saumons Atlantique se sont échappés dans le Pacifique.

Mais qu'est-ce qui a bien pu détruire autant de cages en quelques heures ? L'entreprise a imputé la défaillance du parc à filets à des marées exceptionnellement hautes coïncidant avec l'éclipse solaire.

La réponse a été trouvée en profondeur par la photographe naturaliste April Bencze. Elle a plongé dans les eaux de la baie Deepwater alors que les salariés de Cooke tentaient en vain de stabiliser la plate-forme flottante. Au péril de sa vie, elle a voulu ramener des preuves du dysfonctionnement de la gestion du site. Sa vidéo montre des filets couverts d'algues touffues et d'anémones de mer ainsi que des groupes de petites moules bleues. La jeune femme révèle que la ferme avait l'air d'avoir été frappée par un ouragan sous l'eau, avec des câbles cassés et du métal broyé. La pression du courant sur les filets encrassés était en fait responsable de ce phénomène. Des études d'ingénierie montrent qu'un encrassement important peut multiplier par douze la traînée latérale sur un filet. L'entreprise Cooke, tout comme Mowi, utilise des nettoyeurs haute pression sous-marins télécommandés. « C'est un peu comme être assis dans un fauteuil de jeu avec une manette Xbox, en train de piloter ces nettoyeurs télécommandés sur le Net », avait déclaré narquoisement le directeur général de Badinotti Net Services Canada, entreprise spécialisée dans l'entretien des filets de pisciculture. En été, où la population des poissons est en pleine croissance, beaucoup de fermes canadiennes nettoient leurs filets toutes les deux semaines seulement alors qu'en Norvège, les filets sont nettoyés tous les cinq jours ! Ce laisser-aller a donc eu de lourdes conséquences, car même la structure métallique n'aurait pas dû s'effondrer comme un château de cartes. En effet, les fermes sont censées résister dans ces cas-là précisément avec, en plus, une large marge de sécurité. Cooke le savait. L'entreprise avait d'ailleurs demandé aux autorités s'il était possible de changer cette vieille ferme piscicole âgée de seize ans. La demande officielle est encore visible en ligne. Ce qu'elle n'a pas précisé, c'est qu'elle attendrait la fin de la prochaine récolte pour le faire, en prenant le risque que la ferme s'effondre.

Aujourd'hui, le bail de Cooke pour sa production de saumons a été entièrement révoqué par l'État de Washington et la salmoniculture n'existe plus dans cet État. L'entreprise est aujourd'hui empêtrée dans de nouvelles accusations dans l'État du Maine cette fois-ci, par la Conservation Law Foundation qui estime que l'entreprise déverse des polluants, tels que des excréments de poissons, des corps en putréfaction et des déchets divers dans les eaux côtières. L'organisme dit également avoir enquêté depuis deux ans sur les pratiques de Cooke et affirme « avoir les témoignages de pêcheurs de homards qui ont déplacé leurs casiers plus loin des sites de Cooke, à cause de la boue sur le fond de mer ». La Conservation Law Foundation accuse aussi le groupe d'être responsable en 2023 de la fuite de 50 000 saumons dans deux enclos différents.

Des aquariums en pleine mer

La catastrophe de Puget Sound a créé un précédent. Pour les producteurs, il n'était pas envisageable que les consommateurs fassent un lien entre la disparition des saumons sauvages et la production des saumons d'élevage. Alors, depuis ce drame, et pour prouver que le saumon c'est écolo, chacun y met du sien pour développer des méthodes plus « durables » et communique à ce sujet.

Cooke a lancé Project One pour « intégrer la planification des ressources de l'entreprise et transformer ses processus opérationnels [*sic*] ». L'entreprise n'hésite pas à produire elle-même des rapports qui vantent les mérites de la production de saumon, notamment dans les îles écossaises.

Sur son site internet, Lerøy Salmon, un autre géant, affirme investir énormément de travail dans « l'optimisation des équipements et des routines spécifiques pour éviter les évasions de poissons ». Mowi, quant à elle, a été classée parmi les 500 entreprises les plus durables au monde par le magazine *Time et Statista*, et a été reconnue comme l'éleveur le plus responsable au monde par l'indice Coller FAIRR[4].

L'unique solution aujourd'hui pour ne plus que les saumons s'évadent résiderait dans le parcage des poissons dans d'immenses cages hermétiques.

C'est justement ce qui se projette dans le comté écossais d'Argyll and Bute. Le Loch Long s'y étend sur trente kilomètres, à l'intérieur du parc national du Loch Lomond et des Trossachs. Son fond est truffé d'épaves de la seconde guerre mondiale et il fait le bonheur des plongeurs.

Salmon Scotland montre que 15 041 tonnes ont été exportées d'Argyll and Bute en 2024, soit environ 15 % des exportations totales écossaises.

C'est ici que la société Loch Long Salmon (LLS) a décidé de développer une technologie d'élevage en

4. L'indice Coller FAIRR Protein Producer Index évalue les 60 plus grands producteurs mondiaux de protéines animales cotés en Bourse, représentant une valeur totale de 338 milliards dollars.

enclos fermés, *closed-pen systems* en anglais. « Nous voulons changer l'élevage du saumon en Écosse pour de bon en faisant preuve de leadership et en démontrant ce qui est possible », explique l'entreprise sur son site internet. Il s'agit d'installer des parcs à saumons fermés dans l'eau, comme si vous laissiez flotter des aquariums géants. En contrôlant la consommation d'eau et en créant une barrière entre le saumon d'élevage et la mer ouverte, ces systèmes réduisent l'incidence des infestations de poux de mer, mais aussi les évasions et donc la reproduction entre saumons d'élevage et sauvages. Le système est considéré comme une véritable révolution et certains en parlent comme étant la technologie qui sauvera le saumon atlantique.

Des tests grandeur nature ont déjà été effectués en Norvège dans le Hardangerfjord, à l'est de la ville de Bergen. Inauguré en 2024, le réservoir fermé descend sous l'eau jusqu'à 72 mètres et peut contenir 200 000 poissons. « S'il était sur terre, ce serait le bâtiment le plus haut de l'ouest de la Norvège », a déclaré Sondre Eide, 34 ans, directeur général de l'entreprise Eide Fjordbruk fondée par son grand-père cinquante ans plus tôt. L'entreprise est en bonne voie pour produire 10 000 tonnes de saumon biologique en 2025, devenant ainsi le premier fournisseur biologique au monde. D'ailleurs, les acheteurs peuvent être certains que leur saumon biologique est authentique, car l'entreprise participe à un programme de traçabilité et de vérification basée sur l'ADN ! Si les premiers pas semblent prometteurs, Eide Fjordbruk reste un tout petit acteur dans le monde de la salmoniculture et son influence se tient encore en marge du marché mondial.

Malgré tout, cette petite révolution fait des envieux. Loch Long Salmon veut explorer la méthode et l'importer en Écosse pour ouvrir la première ferme *closed-pen* du pays avec huit enclos de 30 000 m^3 chacun, fabriqués par la société norvégienne Fiizk, le tout pour un montant total de 48 millions d'euros.

Mais le Loch Long abrite une vie marine variée, des phoques, des loutres et des oiseaux de mer. Il est également rattaché aux eaux d'Endrick River, qui abrite une population de saumons sauvages en voie de disparition. Un autre loch, le Loch Linnhe, serait aussi concerné. Autant dire que l'arrivée d'une ferme à saumons a fait grincer les dents. Les habitants se sont organisés en collectif pour contrecarrer le projet. La peur de voir le loch se détériorer a inspiré une chanson de protestation par le groupe local Rough Edges intitulée « Loch Linnhe Blues ». Selon le collectif, cette installation deviendrait la plus grande ferme piscicole d'Écosse, avec huit millions de poissons. Par ailleurs, ils affirment que l'urine des poissons et au moins 15 % des excréments solides des poissons passeraient sans traitement dans le loch, ce qui constituerait une menace importante pour l'écosystème.

David Gunn, qui pêche dans le loch depuis plus de soixante ans, s'est insurgé dans le journal local :

> « Bien que [LLS] affirme pouvoir récupérer une partie de ces déchets, la majorité d'entre eux se déposeront sur le lit du lac et filtreront sur les coquillages et se retrouveront dans la chaîne alimentaire. Les restaurants ne voudront pas mettre cela sur leurs menus. Partout où cette nouvelle technologie a été testée jusqu'à présent, c'était à une échelle beaucoup plus petite et elle n'a pas fonctionné efficacement. »

LLS se défend en assurant qu'un flux de déchets dilués provenant des enceintes (85 % environ) serait pompé vers une base côtière et séché. Ces déchets organiques seraient collectés et évacués hors site, et l'eau traitée serait renvoyée dans le lac. Problème : ces évacuations nécessiteraient de remplir des semi-remorques chaque jour et de voir des dizaines de camions emprunter quotidiennement les petites routes du comté.

Les responsables du parc du Loch Lomond avaient déjà rejeté le projet en octobre 2022, en affirmant que ce n'était « pas l'endroit approprié pour accueillir un développement d'une telle échelle industrielle et que le risque d'une fuite de poissons d'élevage pourrait avoir un impact sur les cours d'eau désignés ». L'entreprise de salmoniculture avait fait appel et, depuis, plus rien. Entre-temps, le directeur de LLS a quitté l'aventure, alors qu'un porte-parole du gouvernement écossais a déclaré en février 2025 que les ministres examinaient l'appel « pleinement et correctement » et qu'une décision serait prise « dès que possible ».

Cap au nord !

Pour soutenir la demande mondiale de saumons, les producteurs ouvrent de nouvelles fermes chaque année en choisissant des sites souvent préservés pour mieux vendre leurs poissons « fermes et musclés », comme l'écrit Cooke sur son site. Déjà présent dans les Orcades, îles écossaises situées tout au nord, l'entreprise envisage d'installer sur l'île de Papa Westray l'une des plus grandes fermes à saumons de l'histoire marine écossaise.

Ce projet comprend six cages d'une circonférence de 160 mètres, avec une zone de confinement d'amarrage de 452 000 m^2, une barge d'alimentation de 600 tonnes et une biomasse de 3 850 tonnes soit le poids de 30 baleines bleues. Il s'agit de l'une des plus grandes cages utilisées en Écosse. Pourtant il existe déjà six fermes piscicoles dans les Orcades. Mais cette septième serait susceptible de causer des dommages encore plus importants dans les canaux autour de l'île, d'après les habitants. Ces derniers ont rédigé une pétition pour tenter de diffuser l'alerte le plus largement possible.

Si ce projet voit le jour, la production annuelle actuelle de Cooke dans les Orcades et les Shetland, qui est de 26 000 tonnes, passera à près de 30 000 tonnes par an, soit 10 % du total écossais global, toutes entreprises confondues. La société canadienne prévoit ainsi d'étendre sa production à environ 200 000 tonnes en 2020 et à 400 000 tonnes d'ici 2030. Mais il faudra se passer pour cela de l'avis de ceux qui habitent sur place.

Le collectif d'habitants à Papa Westray a révélé que

> « l'effluent fécal des 3 850 tonnes de biomasse provenant du site [...] équivaut à la production de 49 500 humains par jour, tous les jours. Si vous ajoutez la biomasse des six sites piscicoles existant [...], cela fait 8 860 tonnes, soit l'équivalent des excréments de 116 952 humains déposant leurs déchets dans l'eau ».

Imaginez les habitants d'une ville comme Rouen qui jetteraient leurs selles dans la mer !

Pour démontrer la futilité de la chose, une délégation des habitants de Papa Westray s'était rendue en 2022 à Kirkwall, la capitale administrative des Orcades. Reçus seulement cinq minutes, ils avaient exposé les objections de tous les résidents de Papa Westray, parmi lesquelles celle de Paul Baker, père de quatre enfants et que les Anglais connaissent pour avoir participé à une série documentaire sur les agriculteurs pour la BBC en 2016 : « Nous sommes entourés d'unités industrielles artificielles qui détruisent l'environnement naturel [...]. Nous passons déjà du temps à ramasser des cordes et des tuyaux [dans l'environnement]. »

La pétition en ligne n'aura rapporté qu'une poignée de signatures et les premiers saumons sont arrivés en mai 2024 au grand dam des habitants.

Cooke se veut rassurant et déroule sur son site internet : « Les filets de cages sont construits avec de la ficelle renforcée avec de l'acier inoxydable de qualité marine. Ils se sont révélés efficaces pour réduire les interactions avec les phoques sur les sites. » Pas de panique, donc, concernant des évasions éventuelles.

Un porte-parole du gouvernement avait déclaré que l'aquaculture était indispensable pour le pays et qu'il « était un employeur important dans les communautés rurales et côtières d'Écosse ». Les habitants de Westray n'avaient donc aucune chance de se faire entendre. D'autant plus que, pour la période 2024-2025, le gouvernement de John Swinney a sorti le carnet de chèques afin de soutenir les industries maritimes et financer 67 projets pour 17 millions d'euros. Quelques semaines plus tôt, le lobby du saumon écossais Salmon Scotland avait exhorté le Premier ministre John Swinney à « réduire les formalités administratives qui entravent l'économie bleue de l'Écosse ».

Le message a donc été entendu et les entreprises telles que Cooke se frottent les mains.

Dans la foulée, l'entreprise a offert des tablettes numériques à toute l'école de Papa Westray qui compte cinq élèves seulement. Dans un discours lénifiant, le responsable de la zone Orkney North Isles chez Cooke Scotland, Stewart Rendall, a commenté à la presse : « Nous travaillons ardemment pour générer une prospérité partagée dans les communautés où nous vivons et travaillons, et notre investissement local contribue à maintenir la viabilité des communautés rurales. »

Avec son fonds d'aide, la Cooke Community Benefit Fund, l'entreprise canadienne agit sur tous les fronts. Elle paye du matériel pour la crèche, rhabille les équipes de foot, organise des tombolas pour soutenir les associations locales, construit des aires de jeux, parraine des marathons et recrute à tour de bras. Dans les Orcades ou dans les îles Shetland, elle agit comme un monopole local avec ses bienfaits et ses dangers. À Papa Westray, on vit *saumon*, on mange *saumon*, on parle *saumon*, on travaille *saumon*, et si Cooke devait cesser ses activités, comme dans l'État de Washington, les habitants se retrouveraient démunis du jour au lendemain. L'économiste allemand Ulrich Beck, écrivait justement que la présence d'une seule et unique entreprise locale et puissante accroît le risque de perte d'emploi et le danger de précarisation devient omniprésent. C'est la société du risque.

Le PCB, fléau des mers

« Appauvrir un écosystème, c'est nous appauvrir nous-mêmes », clame toujours haut et fort l'inénarrable loup des mers Paul Watson, fondateur de l'ONG Sea Shepherd, emprisonné en 2024 pendant plusieurs mois dans une prison du Groenland pour s'être interposé entre les harpons des baleiniers japonais et les cétacés apeurés quinze ans plus tôt. Même si les océans recouvrent 71 % de notre planète et que leurs profondeurs paraissent infinies, l'être humain ne voit dans le bleu de sa planète qu'un espace majeur de circulation et d'autres espaces ressources à exploiter.

Il existe une myriade d'exemples de pollutions, dont certaines sont issues de catastrophes qui sont restées gravées dans la mémoire collective comme le naufrage de l'Erika en 1999 ou de l'Amoco Cadiz au large de la Bretagne vingt ans plus tôt. C'est tout un écosystème qui a disparu sur plusieurs centaines de kilomètres de côtes sous les tonnes de fioul lourd et sous les regards médusés de ceux-là mêmes qui ont provoqué ces cataclysmes. Ce fioul issu d'une distillation de pétrole à plus de 425 degrés est appelé le *resid* et il concentre un vaste éventail de déchets : sable, métaux, silicium, paraffine, molécules toxiques comme les DCPD et les PCB.

Parlons-en, du PCB : c'est l'un des plus célèbres polluants présents dans ce cocktail. Acronyme de polychlorobiphényle, il ne regroupe pas moins de 209 composés chimiques et a été utilisé à partir des années 1930 jusque dans les années 1980 dans des transformateurs, des joints d'étanchéité, des peintures et des revêtements de sol. Sa forte toxicité pour l'environnement était connue dès la fin des années 1960. Lors du scandale des Poison Papers aux États-Unis en 2017, quatre tonnes de documents ont été épluchés. Ce qu'on y lit est dramatique : les administrations du pays étaient au courant, les médias et les recherches scientifiques étaient influencés et Monsanto était aux manettes. Dans un de ces documents remontant à 1969, la firme écrit sur les PCB :

> « Les preuves de la persistance de ces composés et de leur présence universelle sous forme de résidus dans l'environnement sont incontestables. Conjuguées à certaines publications alarmistes, ces informations risquent de donner une image négative [de l'entreprise]. »

Pendant soixante ans, la pollution aux PCB a donc pu se disperser sans contraintes dans les terres, les cours d'eau et, *in fine*, dans les mers et les océans. La production mondiale est évaluée à 1 200 000 tonnes dont environ 30 % qui se sont dispersés dans l'environnement. Ce sont des polluants organiques persistants qui s'avèrent être difficiles à détruire. Ils se sont ainsi accumulés dans les sols, notamment à cause des rejets industriels dans les rivières et y resteront entre cent et deux mille sept cents ans, massés dans les sédiments.

En France, il faut attendre 2008 pour lire la première étude des impacts des PCB sur la santé humaine. Le JT de 20 heures de France 2 du 29 mai de cette année-là met la lumière sur cette pollution qui affole les compteurs : les mangeurs de poissons pêchés dans le Rhône présentent un taux moyen de PCB cinq fois supérieur à la moyenne.

En 2004, une étude parue dans *Science* avait frappé un grand coup en révélant que les concentrations de PCB dans le saumon d'élevage étaient en moyenne près de huit fois supérieures à celles du saumon sauvage. Les plus contaminés provenaient d'Écosse et des îles Féroé. Les molécules se retrouvent concentrées dans la chair et la graisse des poissons en agissant comme des hormones. C'est aussi dans ces graisses que l'on retrouve les oméga-3 bénéfiques pour la santé. Mais la bioaccumulation des PCB dans le corps de l'être humain annihile, à terme, les bienfaits des oméga-3. Les conséquences vont des troubles du système nerveux, en passant par la contribution à diverses maladies et à la perte de mémoire, les vertiges, l'infertilité et autres problèmes sexuels et, bien évidemment, les cancers en tout genre. Le Centre international de recherche sur le cancer a d'ailleurs classé le PCB comme cancérigène certain. Autrement dit, il n'y a pas débat.

D'autres produits charmants se retrouvent dans les poissons avec des niveaux extrêmement élevés comme l'arsenic, le mercure, le dichlorodiphényltrichloroéthane (DDT), les dioxines ou le plomb…

Un exemple caractéristique est celui des Indiens autochtones de l'État de Washington. Là où précisément la production de saumons a été bannie en 2025. Dans la tribu des Yakamas, le saumon est un don du Créateur, qui est consommé entièrement. Cerveau, dents, nageoires et même peau sont cuisinés. Ces 68 000 Amérindiens consomment en moyenne entre 6 à 11 fois plus de poissons que les autres.

Comme les conditions de vie des Amérindiens sont rarement prises en compte, les autorités réglementaires ne se sont pas donné la peine de tester les produits chimiques toxiques présents dans les poissons. Les agences de santé publique et environnementale admettaient même ne pas disposer de suffisamment d'informations pour émettre un avis quel qu'il soit. En somme, elles ne savaient tout simplement pas si les saumons étaient comestibles ou pas.

La chaîne de télévision Oregon Public Broadcasting et le site d'investigation ProPublica ont donc décidé de faire les analyses. Pour ce faire, ils ont acheté 50 saumons à des pêcheurs autochtones du fleuve Columbia et ont financé leur analyse par un laboratoire agréé.

Résultat: les analyses ont montré des concentrations de mercure et de PCB à des taux anormalement élevés selon les critères de l'Agence de protection environnementale américaine (EPA en anglais) et les agences sanitaires de l'Oregon et de l'État de Washington. En fait, dès les années 1990, l'EPA avait en sa possession des relevés qui indiquaient que 92 contaminants s'accumulaient dans la chair des poissons. Mais, faute de moyens et de volonté au plus haut niveau de l'État, les chiffres n'avaient pas été diffusés et les projets de nettoyage abandonnés.

Les autorités locales, faute de financements suffisants, se sont donc contentées de prodiguer des conseils auprès des habitants en les incitant à ne pas consommer plus de huit portions de 225 g de saumon par mois.

En mars 2022, l'administration Biden s'était réveillée et avait répondu aux Amérindiens: « Nous ne pouvons pas continuer comme si de rien n'était. Agir pour le saumon, les nations tribales et les communautés peut nous rassembler. Il est temps de trouver des solutions efficaces et créatives. »

Mais, depuis, Trump a réduit les espoirs à néant en limogeant une grande partie des employés de l'EPA, en coupant son budget fédéral et en propulsant à sa tête un certain Lee Zeldin qui a annoncé son intention de s'attaquer à des dizaines de mesures de protection environnementale dont celles visant à lutter contre la pollution industrielle.

Le président américain Donald Trump n'a sans doute jamais lu les livres du naturaliste et humaniste Théodore Monod, qui écrivait, en 1976 : « Le public sait encore peu de choses du terrible problème de la pollution des mers, il n'en mesure pas encore à leur juste dimension l'importance et la gravité. »

S'il l'avait lu, l'homme fort des États-Unis n'aurait peut-être pas décidé de réautoriser la pêche commerciale dans un vaste sanctuaire marin du Pacifique, l'un des mieux préservés de la planète, qui était encore jusqu'à maintenant épargné de l'avidité folle de l'espèce humaine.

« La contrainte écologique est devenue
incontournable et doit être intégrée
dans la course à l'argent. »

Monique Pinçon-Charlot et Michel Pinçon,
Les prédateurs au pouvoir, 2017

Mobilisations, actions, procès...

LES LANCEURS D'ALERTE À LA MANŒUVRE

La salmoniculture vit des années dorées. Les puissances industrielles que sont Mowi, SalMar, Lerøy, Cermaq et Bakkafrost se partagent presque la moitié d'un marché mondial estimé à 20 milliards de dollars pour l'année 2024, qui doublera d'ici dix ans. Les saumons mènent une vie de pachas, à en croire les chargés de communication qui repeignent la réalité en leur faveur comme on peut le lire sur le site de Bakkafrost : « Notre engagement en matière de durabilité à travers nos cinq piliers : une entreprise saine, un saumon sain, des personnes saines, des communautés saines et un environnement sain. »

Choyés, engraissés et labellisés à toutes les sauces, les saumons vivraient dans des conditions exemplaires ? Et tout le monde serait ravi.

Or sur place, l'ambiance n'est pas la même. Associations, habitants, élus, tous s'inquiètent de la présence des fermes à saumons dans les fjords de Norvège, les lacs du Chili ou les lochs aux eaux limpides d'Écosse. Ils connaissent les répercussions sur l'environnement de telles installations.

Les accidents répétés et les multiples pollutions ont transformé les observateurs pacifiques en militants excédés relayant des preuves à coups d'images de drones, de photos diffusées sur les réseaux sociaux et de témoignages à chaud.

La Canadienne Alexandra Morton, biologiste marine et auteure de l'ouvrage *Not On My Watch* où elle révèle son obstination et son courage à tenter de sauver le saumon sauvage en Colombie-Britannique au Canada, a été l'une des premières à alerter sur la menace qui planait sur ce poisson. Elle a par ailleurs fondé dès 1981 la Raincoast Research Society pour étudier les conséquences de la production de saumons et de ses conséquences. Aujourd'hui à la tête du mouvement mondial contre l'élevage, elle tourne depuis 2016 des vidéos clandestines qui ont ouvert les yeux de l'opinion sur un monde que peu de personnes connaissaient.

Le « Kayak Vigilante »

Dans les pas de la scientifique canadienne, le britannique Don Staniford lutte contre l'industrie salmonicole depuis vingt-cinq ans. Il est actuellement directeur de Scamon Scotland et directeur mondial du collectif Real Salmon Farming Resistance qui rassemble plus d'une centaine d'associations. Surnommé, en anglais, le « *kayak vigilante* », c'est-à-dire le justicier en kayak, il est parvenu à fournir des preuves que le saumon d'élevage était une calamité pour la planète et pour l'Homme. Pour les industriels, l'image d'Épinal d'un saumon en bonne santé virevoltant au-dessus des eaux claires des lochs ou des fjords a été écornée. Les lanceurs d'alerte sont uniquement, pour eux, des agitateurs nuisibles au chiffre d'affaires. Que vaut un militant en kayak face à une industrie qui rapporte l'équivalent de 2,31 millions de livres sterling par jour[1] ? La méthode pour le faire taire, très efficace et communément usitée, est celle des procédures bâillon. Les compagnies salmonicoles possèdent une armée d'avocats contre laquelle le bras de fer est voué à l'échec. Les grands groupes mettent ainsi la pression sur des ONG ou des militants et leur demandent des dommages et intérêts astronomiques pour, le plus souvent, des diffamations. Ces procès inéquitables, longs et très coûteux ont pour unique but d'asphyxier la partie adverse qui a peu de moyens pour se défendre. Appelé SLAPP[2] en anglais (Strategic Lawsuit Against Public Participation), ces procédures

1. Soit 2,77 millions d'euros par jour, chiffres de 2024.
2. Les SLAPP sont dans le viseur de l'Union européenne qui a voté une directive pour les restreindre dès 2025.

bâillons sont redoutables pour inciter les défenseurs de l'environnement à stopper leurs activités.

Déjà en 2012, Don Staniford avait été convoqué devant un juge au Canada, suite aux accusations de l'entreprise nippo-norvégienne Cermaq. Cette dernière avait attaqué l'Écossais via sa filiale canadienne Mainstream, pour avoir utilisé des images ressemblant aux avertissements sur les risques du tabac pour la santé qui figurent sur les paquets de cigarettes. Le message était simple : « Le saumon d'élevage tue comme le tabagisme. » Cermaq, qui a depuis été rachetée par le Japonais Mitsubishi, n'avait pas non plus apprécié le contenu du monologue de l'activiste qui avait interpellé le P.-D.G. de l'entreprise et le ministre de Norvège du Commerce et de l'Industrie en parlant du saumon : « Mettez-en dans votre pipe et fumez-le. » Face caméra, il n'a pas mâché ses mots :

> « Les entreprises norvégiennes ont du sang sur les mains et sont responsables de la mort de millions de saumons, de centaines de mammifères marins, ainsi que de leurs propres employés. Les parcs d'engraissement de Cermaq, infestés de maladies, ont laissé derrière eux une série de tragédies, notamment au Chili et en Colombie-Britannique, où ils propagent des maladies infectieuses dans la réserve de biosphère de l'UNESCO de Clayoquot Sound, l'archipel de Broughton [...]. »

Bien qu'il ait gagné son procès après vingt jours de bataille acharnée avec un tribunal rempli à ras bord, Don Staniford avait ensuite perdu en appel. Ce fut son troisième procès au Canada et il n'en gagna aucun. S'il perd dans les palais de justice, le militant parvient en revanche à faire passer le message de la cause et à convaincre les indécis. Et c'est ce genre de victoire qu'il cherche.

Fort d'une solide formation universitaire en biologie marine et de nombreuses années d'expérience au Royaume-Uni et à l'étranger, il interpelle les élus, les millionnaires et les journalistes. Hugo Clément, journaliste français engagé, était venu le voir à plusieurs reprises dans le cadre de ses documentaires. On l'a aussi vu au journal télévisé de France 2 du 15 décembre 2018 tenter d'inciter les Français à ne plus manger de saumon.

Avec son kayak, il pagaie entre les cercles géants que dessinent les enclos qui renferment plusieurs dizaines de milliers de poissons, s'y amarre et grimpe sur les passerelles pour filmer, toujours filmer. Les preuves qu'il a rassemblées montrent que sous la surface des fermes se trouvent des créatures en détresse. Ses caméras capturent des images de poissons dévorés vivants par les poux de mer, les yeux manquants et la peau trouée.

Parfois, des ouvriers lui envoient même des vidéos de l'intérieur de l'usine, comme ce salarié de Mowi Scotland à Inchmore qui prend le risque de filmer le sol couvert de matière organique. Commentaire sans aménité de Don Staniford : « Mowi est tellement plein de merde que les effluents d'égouts se répandent partout sur le sol de leur ferme salmonicole d'Inchmore. »

Ses vidéos de drone témoignent de la réalité implacable des conditions de vie des saumons dans les fermes comme sur l'île de Musll, sur le Loch Na Keal, où il filme en août 2023 des centaines de saumons morts qui flottent à la surface des eaux noires.

Scandalisé, le groupe Bakkafrost lui a demandé par courrier de ne plus accéder aux fermes du groupe, sous peine de poursuites judiciaires. Comme pour Mowi auparavant, Bakkafrost est parvenu à interdire à Don Staniford l'accès aux enclos, dans un rayon de 15 mètres, fin 2024. Déçu par ces décisions qu'il estime injustes et las d'alerter la population, le « *kayak vigilante* », qui qualifiait de mafia les producteurs de saumon, a décidé de se retirer de l'activisme sur le terrain en janvier 2025.

Il a désactivé plusieurs de ses sites web et archivé son dernier article de blog, mais a laissé entendre qu'il pourrait reprendre son militantisme à l'avenir. « Je me réserve le droit de sortir de ma retraite », a-t-il annoncé sur son profil Facebook. Le jeune retraité sait que son travail n'a pas été vain.

Il suffit de lire les journaux et de parcourir l'interview de l'écrivain Peter May, l'un des auteurs les plus lus d'Écosse, pour comprendre que ses vidéos de saumons dévorés vivants, sans queue, la tête écorchée ou les yeux crevés ont marqué les esprits.

> « La réalité choquante de la pisciculture moderne a inspiré mon nouveau roman. [...] Franchement, j'ai été choqué par ce que j'ai lu. J'ai contacté plusieurs militants qui tentaient d'attirer l'attention du public sur l'état de la pisciculture. On m'a montré des vidéos tournées clandestinement dans des fermes piscicoles écossaises. [...] Ça donne vraiment la nausée », a expliqué le récipiendaire du prix Barry du meilleur roman policier au journaliste du *Sunday Express.*

Peu après, un événement s'est produit dans la rivière Lochy à Fort William. Les habitants ont repéré qu'un tuyau d'évacuation déversait un liquide rouge mêlé à des écailles et des morceaux de poissons. Tout près, dans la zone industrielle de Blar Mhor, Mowi Scotland possède une usine de transformation de poisson. La marque leader du marché mondial avait déclaré rapidement avoir mené sa propre enquête et que cette pollution ne provenait pas de son usine. Cette décharge rouge correspondrait à des tonnes de labres, ces fameux poissons nettoyeurs.

Sous sa casquette laissant dépasser ses longs cheveux, Jamie Moyes répond au micro de la BBC. Pour lui, l'incident est presque anodin et les habitants voient du sang dans la rivière tout le temps.

Jamie n'est pas un militant comme les autres. Il a travaillé dans la salmoniculture écossaise pendant cinq ans dans tous les secteurs, de la vaccination à l'abattage, l'alimentation, le transport et il a même conçu et fabriqué une partie du matériel nécessaire au bon fonctionnement des fermes.

> « J'ai voyagé et vécu en Australie pendant vingt ans et je regrettais souvent d'avoir participé à une industrie aussi ignoble. Il y a six ans, je suis devenu végétalien et j'ai commencé à militer contre l'exploitation animale. C'était une évidence, essayer d'abolir la salmoniculture. J'ai donc commencé à filmer dans les cages, sachant à quel point c'était mauvais grâce à mon travail dans l'industrie. J'ai ensuite créé mon organisation appelée Abolish Salmon Farming (ASF). »

À l'été 2024, il est resté nuit et jour dehors pour observer la tentative de sauvetage d'un bateau piscicole de la ferme Fiunary de Scottish Sea Farms qui coulait dans le détroit de Mull et qui a produit une pollution aux hydrocarbures. Il l'a documentée en temps réel et a été la principale source des journalistes. Les exploits de Jamie Moyes sont comme ceux de Thésée, fils de Poséidon le dieu des mers, qui entreprit de débarrasser des bandits et des bêtes monstrueuses qui

Vue de l'extérieur, une ferme à saumons est un ensemble de cercles qui sont en fait les cages dans lesquelles 40 saumons en moyenne s'entassent dans un mètre cube d'eau. Ici, la ferme salmonicole de Kvaroy, au large de l'île de Selsoyvaer en Norvège.

Photos extraites d'une vidéo secrète prise à l'intérieur d'une ferme à saumons, le 10 mai 2021 sur l'île de Mull en Écosse. Les saumons sont dévorés vivants par les poux de mer. Cette ferme est pourtant reconnue par la RSCPA (*Society for the Prevention of Cruelty to Animals*) qui fut la première organisation pour le bien-être animal fondée dans le monde. Ce poisson est par ailleurs vendu comme ayant eu un « bien-être de haute qualité » durant sa vie.

© DON STANIFORD

Image issue d'une vidéo produite par Don Staniford dans un loch en Écosse : les poux de mers n'ont aucune pitié pour les pauvres saumons qui sont incapables de s'en débarrasser.

© CORIN SMITH

Dans un élevage en Écosse, en 2021.

© GREEN BRITAIN FOUNDATION, AVRIL 2025

En Tasmanie, une vidéo a montré des saumons déformés dans des fermes gérées par l'entreprise Tassal (Cooke), à Macquarie Harbour. Ces poissons malades nagent dans les mêmes eaux que la raie de Maugean, espèce endémique qui pourrait disparaître. L'acteur Leonardo di Caprio s'est même associé aux militants pour demander l'arrêt des fermes salmonicoles.

© AGAINST THE CURRENT ICELAND

Un saumon qui a perdu sa mâchoire, dans une ferme à Vestfirðir en Islande.

Sur les 100 000 tonnes de saumons élevés sur la façade ouest de l'Écosse, un quart périt et est enterré dans des fosses communes comme ici à North Uist dans les îles Hébrides.

Un chauffeur de camion s'est arrêté pour prévenir les autorités écossaises que des centaines de saumons malades ont été répandus sur toute la route principale A86 entre Fort William et Dalwhinnie au centre du pays.

© DON STANIFORD.

Après la saison, les cages sont nettoyées sous haute pression. Les salissures en résultant se concentrent sur les berges ici du Loch Crean en Écosse, classé en zone protégée pour la biodiversité.

© DON STANIFORD.

En novembre 2019, le « justicier en kayak » Don Staniford observe les fermes salmonicoles de l'île de Skye appartenant à Mowi et à la Scottish Salmon Company. « Nous leur avons fait savoir que nous les surveillons de près. » a-t-il commenté sur sa vidéo.

©SCOTTISH SALMON COMPANY

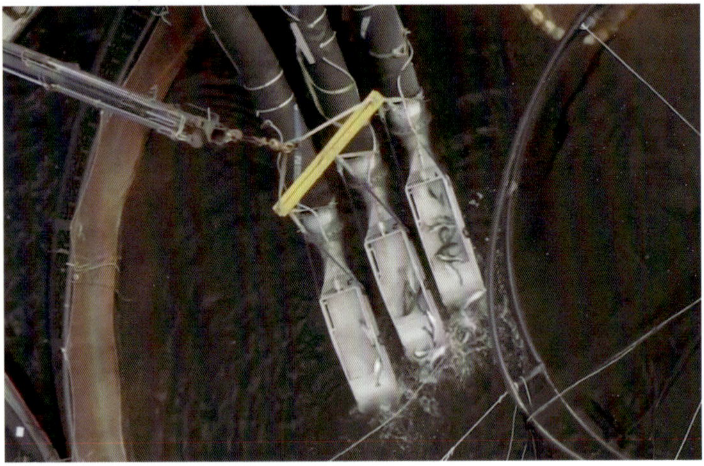

La technique du Thermolicer consiste à aspirer les saumons pour les faire passer dans de l'eau chaude et les renvoyer dans leur bassin afin de leur retirer leurs poux de mer. Cette technique dite « écologique » pour les producteurs provoquent également la mort de la plupart des saumons.

Sur le bord du Loch Eriboll, des déchets s'accumulent dans un lieu inaccessible à pied. On y voit une famille de phoques se reposent parmi des cordages de pêches, des bouées de culture de moules mais aussi des restes de fermes salmonicoles comme du polystyrène, des tuyaux jaunes servant à la flottaison des fermes et d'autres tuyaux noirs servants à distribuer la nourriture aux saumons. Ces « morceaux » de fermes se sont détachés de leur fixation à cause des tempêtes et d'une forte houle.

Les caisses de polystyrène servant à transporter le saumon sont une source de pollution majeure pour la nature. Sans intervention, elles peuvent mettre 500 ans à se dégrader. Ici, une caisse de l'entreprise Bakkafrost sert de poubelle pour les crottes de chiens elles-mêmes enfouies dans un sac plastiques, comme une allégorie du monde selon les producteurs de saumons, pour le peu que ces chiens aient été nourries à base de croquette de saumons.

Cyclopterus lumpus, ou lompe, est une espèce de poisson marin utilisée comme poisson nettoyeur contre les poux de mer qui infestent les saumons. Depuis 2010, sa population sauvage a baissé en 25 % et 35 % dans les zones de pêches entre l'Islande et la Norvège.

Au large de la Gambie, les bateaux usines chinois pillent les ressources aquatiques illégalement sous les yeux médusés des pêcheurs locaux dont les barques restent à quai.

Dans le village de Soumbedioune à Dakar au Sénégal, une vendeuse de poisson attend les clients qui se font rares aujourd'hui. L'Afrique de l'Ouest perd 2,3 milliards de dollars chaque année par an à cause de la pêche illégale, non déclarée et non réglementée.

© FERNANDO VÍLCHEZ

Au Pérou, la pêche aux anchois est la plus grosse du monde en termes de volume et représente à elle seule 20 % de la production mondiale de farine de poisson.

Dans la baie de Chimbote au Pérou, une boue nauséabonde tapisse les fonds marins, conséquence directe des rejets d'usines de fabrication de farine de poissons à base d'anchois. Il n'y a pratiquement pas d'oxygène dans cette mélasse qui annihile toute forme de vie.

© DAN COLLYNS, THE GUARDIAN

©VIDÉO DIFFUSÉE PAR LE PARLEMENT AUSTRALIEN

La sénatrice écologiste Sarah Hanson-Young tient un saumon mort dans un sac plastique pour protester contre les projets de loi du gouvernement visant à protéger les fermes salmonicoles controversées situées dans une crique classée au patrimoine mondial de l'État de Tasmanie, au Parlement de Canberra, en Australie (mars 2025).

Des saumons touchés par une maladie bactérienne flottent, morts, près du bord d'une cage d'une ferme appartenant à l'entreprise Tassal (Cooke), au large de Surveyors Bay en Tasmanie.

Le navire *Annelies Ilena* mesure 145 mètres de long et peut pêcher jusqu'à 400 tonnes de poissons par jour. Surnommé le « bateau de l'enfer » il est la bête noire des pêcheurs locaux de tous les pays.

Sur l'île de la Déception des îles Shetland du Sud en Antarctique, l'ONG Sea Shepherd lutte contre les chalutiers qui privent les baleines de leur nourriture en captant le krill. Ce petit crustacé qui vit en « essaim » jusqu'à 1000 mètres de profondeur, est à la base de la chaîne alimentaire. Il sert aujourd'hui d'ingrédients pour la fabrication de la farine animale l'infestaient la route côtière menant à Athènes. Des images difficiles de poissons suffocants sont même remontées jusqu'à Chris Packham, président de la Société royale pour la prévention de la cruauté envers les animaux (RSPCA), organisme national séculaire qui correspond en France à la Société protectrice des animaux. Le RSPCA labellise des produits alimentaires qui garantissent aux consommateurs « des produits issus d'animaux ayant bénéficié d'une vie meilleure et élevés selon des normes de bien-être plus strictes ». La ferme à saumons de Soay d'où provenaient ces images distribue justement ses saumons avec le label « RSPCA Assured ». Bouleversé, Chris Packham a proposé de démissionner en commentant dans la presse :

> « Des poissons qui nagent avec des parties de leur corps manquantes ne répondent à aucune norme de bien-être. C'est horrible à voir et cela doit être une véritable torture pour eux. […] La RSPCA Assured a approuvé cette ferme et lui a donné son label de qualité. Mais le public est induit en erreur. Ces poissons souffrent. »

Il démissionnera en fin d'année à cause d'images insoutenables de porcs et de vaches cette fois-ci, qui ont été filmés en train d'être découpés vivants dans des infrastructures aussi labellisées « RSPCA Assured ».

Quand la salmoniculture se prend pour la mafia

La contestation contre la salmoniculture en Écosse est l'une des plus vives d'Europe. Si les confrontations entre les défenseurs de la Nature et l'industrie se passent sans heurts, c'est parfois plus compliqué. Comme pour le cas de Corin Smith, photographe militant et fondateur d'Inside Scottish Salmon Feedlots, dont le but est d'éradiquer l'élevage de saumon en cage ouverte sur la côte ouest de l'Écosse. Le 3 décembre 2021, il a diffusé des photos d'un traceur GPS collé sous sa voiture. En cause: Scottish Salmon Company, qui s'appelle aujourd'hui Bakkafrost. Des documents internes de l'entreprise montrent également qu'un ancien directeur a demandé un rapport de renseignement sur le militant. Ce rapport de 653 pages comprend des analyses des déplacements et du comportement de Corin Smith, la surveillance de ses comptes sur les réseaux sociaux et des photos de son domicile. C'est un cas d'espionnage inquiétant que Bakkafrost balaie d'un revers de main en prétextant que ces pratiques concernaient la direction précédente. Corin Smith, lui, est remonté:

> « Ce sont des hommes riches et âgés, qui ne vivent pas ici, qui utilisent leur richesse obscène pour intimider et brutaliser les habitants locaux afin de s'assurer qu'ils peuvent continuer à nous dépouiller de nos ressources naturelles et garder pour eux-mêmes la richesse qui devrait être dans l'avenir de nos enfants. »

L'affaire est en cours.

Le lobby écossais agit comme un rouleau compresseur sur toutes les contraintes qui pourraient lui être imposées et tente d'affaiblir les réglementations. En deux ans, les fermes piscicoles ont enfreint les règles environnementales une centaine de fois. Récemment, le lobby a déposé 210 recours pour liquider les contrôles anti-poux imposés par l'organisme de surveillance environnementale du gouvernement écossais (SEPA). Ces mêmes contrôles avaient été le fruit d'une longue lutte de l'association Wildfish. Pour elle, l'industrie du saumon affiche un mépris total pour la SEPA et détient beaucoup trop d'influence sur les ministres et les autorités de réglementation. L'association a repris son bâton de pèlerin pour tenter d'annuler ces 210 recours.

Dans les deux hémisphères du globe, les acteurs de la lutte contre la production intensive ont décidé de mettre leurs énergies en commun. Une alliance mondiale basée sur l'action est née : la Global Salmon Resistance Farming (GSRF). Son slogan est simple : « Problème mondial ; solutions locales ». Son objectif est de faciliter un mouvement militant mondial avec une sensibilisation étendue, une portée internationale avec des subventions rapides et des résultats probants.

Grâce à cette alliance, on peut suivre l'évolution de l'exploitation mondiale et on découvre que des pays comme la Namibie vont ouvrir leur première ferme d'élevage, la première en Afrique, qui produira 35 000 tonnes de poissons par an.

Les Australiens en colère

À l'autre bout de la Terre, au sud de l'Australie, on voit aussi la Tasmanie qui développe la production du poisson rose à grande échelle. Depuis une quarantaine d'années, l'île a développé dans la vallée Huon, non loin de la capitale Hobart, vingt-cinq fermes pour une production de 31 000 tonnes annuelle. Là-bas, les otaries à fourrure ont tendance à trouer les filets des cages à saumons. Cette espèce, qui avait été chassée jusqu'à sa quasi-extinction au siècle dernier, est attirée par cette nourriture abondante bloquée dans ces grands paniers flottants.

Pour les faire fuir, les compagnies Huon Aquaculture, Tassal et Petuna ont décidé d'employer les grands moyens en utilisant des explosifs sous-marins appelés « casse phoques » (*seal crackers* en anglais) qui produisent un bruit fort et un éclair lumineux. L'industrie a utilisé plus de 134 000 engins explosifs dans les eaux tasmaniennes entre 2016 et 2022.

Les données du ministère des Ressources naturelles et de l'Environnement ont montré que Huon Aquaculture détenait le record de 1 887 explosions au deuxième trimestre de 2021, soit plus de 20 par jour. Logiquement, ce procédé représente un danger pour les phoques, dont vingt-cinq ont péri en dix-huit mois.

L'autre méthode, tout aussi cruelle, est de tirer des projectiles en sachet (appelés *bean bag rounds* en anglais) directement sur les animaux. Ce sont des munitions pour armes à feu, dont les cartouches contiennent des sachets contenant du plomb, du sable ou des billes d'acier. Tassal est la seule entreprise à pratiquer cette méthode. C'est aussi cette entreprise qui, en 2016, avait fait l'objet d'une enquête pour cruauté envers les animaux après que des gardes forestiers avaient trouvé vingt phoques emprisonnés dans un enclos à saumons depuis plusieurs jours, sans nourriture ni moyen de sortir.

Pour surveiller les activités douteuses, les militants écologistes de la fondation Bob Brown, du nom de l'ancien sénateur de Tasmanie, ont filmé par drone un jour de grand nettoyage lorsque 5 500 tonnes de saumons étaient morts d'une maladie bactérienne appelée *rickettsia*. Une hécatombe. Et là, surprise : les vidéos ont montré des saumons de la ferme Huon à Zuidpool Rock, encore vivants, en train d'être placés avec des poissons morts dans des caisses qui étaient ensuite scellées. Les bénévoles qui pensaient observer les phoques autour des cages ont été témoins d'autres pratiques pour le moins inattendues.

Ces images sont arrivées sur le bureau de la RSPCA (encore) qui a retiré son label temporairement d'abord, puis définitivement. Huon, qui était la seule des trois entreprises à posséder ce tampon, a déclaré avoir reconnu la gravité de l'incident, mais en ajoutant qu'elle était déçue de perdre son accréditation dans ces circonstances.

Dans la foulée, à Hobart, le célèbre restaurant de fruits de mer *Mures* a retiré le saumon de son menu. « Notre réputation est en jeu en raison de notre engagement en faveur du développement durable et nous souhaitons y rester fidèles », a déclaré M. Mure.

Touchée dans son orgueil, l'industrie salmonicole du pays (qui pèse un milliard de dollars australiens) sait qu'elle peut compter sur ses alliés. Et pour cause, un projet de loi controversé du Premier ministre Anthony Albanese, visant à exempter l'élevage de saumon toxique à Macquarie Harbour des lois nationales sur l'environnement, a été adopté par le Sénat fin mars 2025, alors que les débats avaient été très tendus : la sénatrice écologiste Sarah Hanson-Young avait brandi un saumon mort, tandis que Peter Whish-Wilson, autre élu écologiste, avait interpellé le Premier ministre et traité le Parti travailliste de « bande de bâtards ». Au cœur du sujet, la raie préhistorique de Maugean, dont il ne reste que quelques spécimens, et qui vit exclusivement au large de Macqurie Harbour.

L'acteur Leonardo DiCaprio s'était même immiscé dans les débats en demandant un soutien populaire sur ses réseaux sociaux. Mais le vote est passé et la raie

Maugean, qui nage dans ces eaux depuis plus d'un million d'années, pourrait devenir le premier animal à disparaître à cause de la salmoniculture qui a reçu l'aval du gouvernement pour se développer sans contraintes.

Plus l'industrie salmonicole s'étend et plus la résistance s'organise. Et plus la résistance s'organise, plus les consommateurs s'informent sur les conditions de production et obligent les professionnels à se réinventer pour vendre leurs poissons, quitte à franchir de nouvelles lignes rouges. Les profits n'ont pour eux aucune limite car, comme l'écrivait l'apôtre du libéralisme français Jean-Baptiste Say, « les richesses naturelles sont inépuisables ».

« Et puis se lèvent des tempêtes que vous n'avez
pas prévues, vous ne savez plus que faire,
vous avez l'impression que vous allez donner
d'un instant à l'autre sur un récif. »

Vincent Van Gogh,
Lettres à son frère Théo (1873-1890)

Du Pérou au Sénégal,
catastrophes écologiques en chaîne...

POUR LES NOURRIR

La farine

Pour développer et alimenter les saumons, qui sont des animaux carnivores, les compagnies piscicoles utilisent des produits dérivés faits à partir de poissons sauvages (ou poissons de fourrage). N'imaginez pas des ouvriers jetant des poissons morts dans les cages immergées comme on pouvait le voir dans les Marineland : ici, la nourriture, sous forme de *farine*, est disséminée à partir d'un tuyau placé au centre de chaque bassin qui envoie les granulés de manière circulaire, comme l'arrosage automatique dans un jardin. L'Observatoire européen des marchés des produits de la pêche (EUMOFA) donne la meilleure définition de ce qu'est cette farine de poissons :

> « Un produit obtenu par cuisson, pressage, séchage et broyage de poissons ou de crustacés frais et crus. Les espèces typiques sont les petites espèces grasses comme l'anchois, le sprat, le hareng et le krill. Après cuisson et séchage, le poisson est transformé en une farine brune grossière : la farine de poisson. La farine de poisson est une excellente source de protéines, principalement utilisée comme aliment pour les espèces aquacoles et le bétail. »

La quantité de poissons sauvages pêchés dans les océans pour nourrir nos saumons d'élevage, qu'on appelle pêche minotière, dépasse toute logique. Pour un pavé de saumon de 200 grammes dans l'assiette, se cachent environ 400 grammes de poissons sauvages donnés comme aliment ou rejetés morts dans l'océan. C'est une gabegie invisible, un massacre caché sous l'eau et qui passe sous les radars des médias. Le tragédien grec Euripide disait que la mer lave toutes les souillures des hommes et c'est bien ça le problème.

Des scientifiques américains et l'ONG Oceana ont réévalué le ratio *fish-in : fish-out* (FI :FO), c'est-à-dire le rapport entre les « entrées » de poissons sauvages et des « sorties » de poissons d'élevage, nourris à l'aide des premiers. Le FIFO est une mesure clé, indispensable pour évaluer la durabilité du secteur.

Cette étude a utilisé quatre sources différentes de données sur la composition des aliments déclarée par l'industrie et a pris en compte la mortalité des poissons sauvages lors de la capture. Pour résumer, les apports en poisson sauvage dépassent le double de la biomasse de poisson d'élevage produite dans le monde. Il faut deux kilos de poisson sauvage pour produire un kilo de saumon. Par ailleurs, d'autres chiffres révèlent que 90 % de ces poissons capturés en pleine mer, non destinés à la consommation humaine, étaient en fait des « poissons de qualité alimentaire ou de première qualité » qui auraient très bien pu se retrouver au menu de restaurants haut de gamme.

L'un des arguments phares du lobby du saumon est d'affirmer que, de toute façon, dans la nature, les saumons mangent beaucoup plus de poissons. C'est ce que le patron de l'entreprise Saumon de France clamait en 2020 dans les colonnes du journal *Le Parisien* : « Il faut 3 kg de "poisson fourrage" pour produire 1 kg de poisson noble. [...] Mais rassurez-vous, dans la nature, le saumon sauvage d'Alaska a lui-même mangé ses 5 ou 6 kg de crevettes et de poisson sauvage. »

Même son de cloche chez les Australiens de Tassal (Cooke) qui expliquent dans leur *Rapport de développement durable* de 2023 que : « Dans la nature, un poisson carnivore comme le saumon aurait besoin d'environ 10 kg de poisson fourrage pour 1 kg de chair produite. »

Ce qu'ils omettent de préciser, c'est que les poissons sauvages vivent plus longtemps que les poissons d'élevage et s'alimentent exclusivement de poissons alors que les poissons d'élevage sont nourris également de soja.

Cet argument sert surtout de contre-feu pour détourner l'attention du fait que l'industrie salmonicole épuise les écosystèmes marins et détruit l'économie locale.

C'est le cas dans la ville de Chimbote au Pérou, qui fut le premier port de pêche au monde dans les années 1950. La ville, appelée autrefois la « Perle du Pacifique », a connu des années fastes grâce aux anchois proliférant sur la côte. Mesurant environ 20 cm de long à maturité, le petit anchois a révolutionné l'économie du pays, mais aussi l'industrie mondiale de la farine de poisson.

Gras et riche en protéines, il est considéré comme le poisson le plus exploité de l'histoire mondiale et largement plébiscité pour la farine et l'huile de poisson de haute qualité. Rien qu'en 2020, 4,8 millions de tonnes ont été pêchées selon la Société nationale de pêche du Pérou (SNP).

En moins de cinq ans, dans les années 1960, 42 usines de transformation ont vu le jour à Chimbote et la population a explosé, passant de 4 000 à 40 000 habitants.

Aujourd'hui, dans le sud de la ville, les nombreuses usines produisent constamment des odeurs, du bruit et de la suie sort des cheminées. Les habitants affirment que ces usines de transformation les rendent malades. Aux journalistes du *Guardian* venus faire une enquête en 2022, le docteur Lorenzo Rodriguez, qui voit passer les habitants tous les jours dans son cabinet depuis seize ans, a été formel : « Dans les zones sensibles, où il y a beaucoup de transformations de farine de poisson, [...] j'avais suggéré [aux parents] de déplacer leurs enfants [...]. C'est directement dû à ces entreprises irresponsables qui ne regardent pas au-delà de leur portefeuille. »

Les effluents des usines polluent abondamment ce littoral autrefois vierge. Aujourd'hui, les boues jonchent les fonds marins où l'oxygène n'existe plus. Elles sont formées par les déchets organiques des usines, qui représentent 54 millions de mètres cubes répartis dans la baie, avec parfois un mètre d'épaisseur. C'est autant que 21 600 piscines olympiques.

Avec la farine de poisson, le Pérou, tout comme le Danemark, le Chili, la Norvège et l'Afrique du Sud, a fait exploser la production du poisson d'élevage et notamment celui du saumon en Tasmanie. Pour être livrée jusqu'aux fermes de Tassal, Huon Aquaculture ou Petuna, la farine fabriquée à partir des anchois de Chimbote est stabilisée chimiquement pour ne pas rancir et perdre ses précieux oméga-3. Le stabilisant chimique choisi est l'éthoxyquine, une molécule développée par Monsanto (aujourd'hui Bayer) comme pesticide dans les années 1950. Elle a l'avantage d'éviter que la farine ne s'enflamme également durant le transport. Le journaliste et écrivain Richard Flanagan explique dans son livre *Toxic* que Skretting, le plus grand producteur d'aliments pour saumon de Tasmanie, fournisseur de Tassal et de Petuna, avait déclaré en mars 2021 que ses aliments « respectaient largement » la limite européenne de 150 mg d'éthoxyquine par kilogramme d'aliment. Selon Skretting, « en Australie et en Nouvelle-Zélande, l'éthoxyquine est généralement considérée comme *sûre* ». Le journaliste ajoute, dans son enquête, qu'une recherche financée par le Fonds norvégien de recherche sur les produits de la mer et de grandes entreprises mondiales d'aliments pour saumon, dont les Danois BioMar et les Norvégiens Skretting, avait conclu que l'éthoxyquine « était détectée dans les filets de saumon, quelle que soit la quantité contenue dans l'aliment ». Or, il a été démontré que l'éthoxyquine traverse la barrière hémato-encéphalique des animaux, peut s'accumuler dans les tissus adipeux humains, et est détectable dans le lait maternel. Par ailleurs, selon le toxicologue néerlandais Hendrik Tennekes, l'éthoxyquine peut influencer le développement cérébral des fœtus humains. D'autres tests, menés par la scientifique polonaise Alina Błaszczyk suggèrent également que l'éthoxyquine peut altérer le génotype. Lors de recherches sur des cellules sanguines humaines, elle a constaté que cette substance entraîne une augmentation des cassures chromosomiques.

Après une série d'études associant ce produit chimique à divers problèmes de santé humaine, l'UE a interdit en 2017 l'utilisation de l'éthoxyquine comme additif alimentaire, et son utilisation dans l'alimentation humaine est également interdite en Australie. Cependant, la majorité du saumon de Tasmanie continue d'être produite avec des aliments contenant de l'éthoxyquine.

Pour fabriquer de la farine de poisson, il faut pêcher beaucoup, tout le temps et ne pas être trop sensible quant à l'avenir de l'humanité sur Terre. Car cette pêche industrielle pratiquée par des bateaux usines a fait basculer sur la liste rouge de l'Union internationale pour la conservation de la nature (UICN) un très grand nombre d'espèces, en particulier les mammifères marins, les requins ou les tortues. Selon l'Observatoire européen des marchés des produits de la pêche et de l'aquaculture (EUMOFA), 100 kg de matière première produisent environ 21 kg de farine de poisson et entre 3 et 6 kg d'huile de poisson. Les 70 % restants sont jetés.

Les bateaux traînent des filets lestés sur le fond de l'océan qui peuvent mesurer jusqu'à 240 mètres de large. Ces énormes chaluts rasent les fonds et perturbent le fonctionnement des réseaux trophiques, c'est-à-dire l'ensemble des différentes chaînes alimentaires. Le chalutage profond est considéré comme la pêche la plus destructrice qui existe de nos jours selon les chercheurs, les ONG ainsi que les Nations unies ou le Conseil international pour l'exploration de la mer. Il concerne 80 % des pêches profondes dans le monde.

Au fond des mers, c'est la catastrophe. Une étude a montré qu'en une seule année, l'impact du chalutage profond est « d'un ordre de grandeur supérieur à celui de toutes les autres activités combinées » dans les fonds marins, comme l'exploitation pétrolière, les câbles sous-marins ou les pollutions plastiques.

Cette pratique dilapide les ressources, à tel point que les États côtiers d'Afrique de l'Ouest perdent chaque année 1,3 milliard de dollars et voient leurs filets se vider avec jusqu'à 37 % de prises en moins par an à cause de la pêche dite INN : *illicite, non déclarée et non réglementée.*

Au large du Sénégal

On connaissait l'accaparement des terres, mais il existe aussi l'accaparement des mers.

En Afrique, certains pays maritimes en payent le prix fort. C'est le cas du Sénégal, où la pêche est pratiquée par plusieurs communautés. Plus qu'une activité économique, c'est une tradition héritée et transmise aux nouvelles générations. La pêche est la première activité du pays.

À l'horizon, flottant sous drapeaux étrangers, les chalutiers se comptent par dizaines. Ils pillent les côtes sénégalaises et expédient leur chargement vers les marchés étrangers. Pourtant, 600 000 Sénégalais, soit 20 % de la population, vivent du poisson qui fournit 70 % des protéines du pays à lui seul. La petite sardine appelée *yaboye* vient chaque année se reproduire et pondre au large de la Mauritanie, du Sénégal et de la Gambie. Aujourd'hui, ce poisson est surexploité. Les pêcheurs traditionnels rentrent les filets vides et regardent au loin les chalutiers dévorer la mer. Leur pays est passé de la pêche de consommation à la pêche de commercialisation.

Pour l'ONG Greenpeace Afrique, il s'agit d'un « détournement de poisson » (*stolen fish*).

> « Chaque année, les grandes entreprises volent plus d'un demi-million de tonnes de poisson aux populations d'Afrique de l'Ouest. Cela suffit à nourrir 33 millions de personnes. Mais au lieu de cela, ce poisson est transformé et donné à manger aux animaux en Asie et en Europe. Les scientifiques prédisent que les stocks de poissons au large de l'Afrique de l'Ouest seront bientôt définitivement détruits », écrit l'association dans une pétition en ligne.

Sans poisson, c'est la famine qui se profile. En seulement dix ans, les prises de petits pélagiques sont passées de 18 kg par personne et par an à 9 kg !

Depuis 2019, la Mauritanie s'est engagée dans l'Initiative pour la transparence des pêches (FiTi) dans le cadre d'une gestion plus durable des pêches. Le Sénégal n'y participe pas. Les bacchanales peuvent donc continuer.

Alors, courageux et bien décidés à se défendre, les pêcheurs artisanaux sénégalais vont, à bord de leurs 17 000 pirogues à moteur, chercher le poisson bien au-delà de la frange des six milles nautiques que la loi de 1970 leur réserve. Dans une zone entre le Sénégal et le Cap Vert, ils tentent de grappiller ce que les chaluts ont bien voulu leur laisser. Mais les prises restent faméliques et la misère s'installe. « La consommation de poissons au Sénégal seul a diminué de 50 % au cours de la décennie 2009-2018, en raison d'une réduction de la disponibilité de petits poissons pélagiques », reprend le rapport de l'ONG française Seastemik. Cette cohabitation forcée provoque des accidents et les trois quarts des pêcheurs indiquent que leurs lignes ou leurs filets ont été endommagés par un chalutier.

Comble de la malchance, plusieurs centaines d'entre eux ont été touchés par la « maladie des pêcheurs » en 2021 après avoir manipulé des filets dérivants. Ils ont développé des inflammations et des lésions cutanées aux mains, avant-bras et même sur les jambes. En cause, une algue toxique qui a proliféré à cause notamment du dérèglement climatique, mais aussi du fait de l'accroissement des flux liés au transport maritime ! Les chalutiers endossent donc ici une double responsabilité.

Bon nombre de pêcheurs du Sénégal, de Gambie ou de Guinée, désœuvrés et impuissants, décident finalement de fuir cet enfer pour rejoindre l'Europe. En juillet 2023, un bateau transportant 150 personnes s'est perdu dans les eaux bleu foncé de l'océan Atlantique. Parmi elles, 50 pêcheurs sénégalais originaires de la ville de Fass Boye. Un mois plus tard, le bateau a été retrouvé au large du Cap-Vert avec à son bord la moitié des personnes mortes de faim et de soif, dont plusieurs enfants.

Les « pilleurs de mer »

Plusieurs entreprises mondiales sont aux manettes de ce qu'on appelle les « pilleurs de mer » : EWOS/Cargill (USA), Olvea (France), BioMar (Danemark) et Skretting (Norvège). Leur objectif est simple : pêcher le plus possible. Cinq tonnes de poisson sont nécessaires pour produire une seule tonne de farine.

Parmi les navires usines, le « navire de l'enfer », le plus gros chalutier du monde, qui mesure plus de 145 mètres de long. Il peut stocker 7 000 tonnes de poisson à son bord en pêchant 400 tonnes de poisson par jour. Son nom : Annelies Ilena. Propriété française de la Compagnie des pêches de Saint-Malo depuis 2024, il ne peut pas rentrer dans le port de la ville à cause de sa taille imposante. Aujourd'hui, il racle le golfe de Gascogne à la recherche de merlans bleu pour la fabrication de surimi.

Depuis novembre 2024, le Sénégal n'autorise plus les bateaux usines de l'Union européenne à pêcher dans leurs eaux. Mais il reste sur place les nombreux bateaux chinois qui détiennent le record mondial de la pêche non réglementée, selon la *Global initiative against transnational organized crime*. La Chine et le Sénégal n'ont signé aucun accord. Pour se servir discrètement, les Chinois ont plusieurs techniques, dont celle de renommer leurs bateaux avec des noms locaux. « À chaque fois qu'on est en mer, on voit des Chinois dans des bateaux », s'est insurgé Mor Mbengue, le président du Comité local des pêches artisanales de Kayar, ville côtière située à 50 kilomètres au nord de la capitale. Pour la première fois, l'ensemble de la flotte chinoise de pêche lointaine a été localisé et identifié dans un rapport. Les auteurs sont tombés sur le chiffre colossal de 16 966 navires sillonnant le monde, chiffre qu'ils pensent même en dessous de la réalité. Le long des côtes d'Afrique de l'Ouest, de Gibraltar au Cap, le pays du Milieu disposerait à lui seul d'une flotte de 600 bateaux.

Si les autorités parviennent parfois à stopper les chalutiers chinois, comme en 2017 lorsque sept navires ont été arraisonnés alors qu'ils pêchaient sans autorisation ni GPS dans les eaux sénégalaises, chacun tente, avec ses moyens, de stopper l'hémorragie. C'est le cas de Nyang Njie, un citoyen gambien qui envoie régulièrement des photos et des vidéos stupéfiantes sur sa page Facebook où l'on voit les bateaux de pêche chinois foncer sur les pirogues des petits pêcheurs trop curieux.

Après avoir déjoué les assauts des navires chinois, les pirogues déchargent leur contenu à terre. Dans les filets, outre la sardinelle, on trouve des tonnes de bongas, petit poisson riche en acide gras que les pêcheurs appellent *cobo* ou *fassou caba* en dialecte wolof. Il est très présent dans les eaux océaniques en bordure d'Afrique de l'Ouest et représente un ingrédient idéal dans la recette de la précieuse farine et les huiles animales, car les locaux vendent aussi une partie de leurs prises aux fabricants de farine. Une fois capturés et triés, ces bongas partiront donc sans doute dans l'une des huit usines du Sénégal ou des trois de Gambie, voire des trente-cinq situées en Mauritanie. Parmi elles, Omega Fishing, basée à Joal-Fadiouth au Sénégal, ville natale du poète et ancien président Léopold Sédar Senghor, et qui abrite le plus grand centre de transformation de produits halieutiques. En d'autres termes, Joal-Fadiouth est la capitale sénégalaise du poisson.

Installée au cœur de la commune, l'usine Oméga fait grincer des dents. Un collectif d'habitants s'est formé et dénonce l'« odeur de mort » qui est répandue dans toute la ville. Leur revendication est simple : faire sortir l'usine loin des habitations. De leur côté, les pêcheurs se retrouvent dans une position ambiguë. Bien qu'ils reconnaissent les nuisances causées par l'usine, ils ne peuvent pas s'asseoir sur une rentrée d'argent assurée. Le collectif a rejoint la Coalition nationale contre l'implantation des usines de farine et d'huile de poisson qui demandent, entre autres, d'appliquer les recommandations issues des concertations sur la problématique des usines de farine et d'huile de poisson en octobre 2019 et de fermer toutes les usines de farine et d'huile de poisson ouvertes après ces concertations.

Un rapport explosif de la Direction des industries de transformation des pêches du Sénégal en 2022 a démontré que les exportations de farine de poisson ont augmenté de 86 % et celles d'huile de poisson de 129 % sur une seule année. Le pays est devenu le deuxième fabricant de farine d'Afrique de l'Ouest après la Mauritanie. Le gouvernement du jeune président Diomaye Faye encourage « la production d'aliments pour poissons au niveau local par la création d'unités industrielles ». Pour l'Association pour la promotion et la responsabilisation des acteurs de la pêche artisanale maritime (APRAPAM), c'est absurde, car il faut d'abord nourrir les populations locales au lieu de les donner à manger aux poissons d'élevage des pays riches.

La bataille du krill

Ajoutés dans les farines, les euphausiacés sont des petits crustacés mesurant entre 0,8 et 6 centimètres qui vivent dans les eaux froides de la planète. Leur nom commun, krill, provient du norvégien et signifie « petit poisson » ou « aliment pour baleine ». D'une importance capitale pour l'équilibre de la chaîne alimentaire, ils se nourrissent de phytoplanctons, des algues invisibles à l'œil nu qui dérivent au gré des courants. Ces végétaux microscopiques, premiers maillons de la chaîne alimentaire, produisent plus de la moitié de l'oxygène terrestre grâce à la photosynthèse et consomment la moitié du dioxyde de carbone. Ils représentent un puits de carbone essentiel pour notre survie. En effet, depuis le début de l'ère industrielle, les océans captent environ 25 % des émissions globales de CO_2 chaque année.

En s'alimentant avec les phytoplanctons, les krills capturent à leur tour le CO_2, qui sera stocké dans leurs excréments. D'après une étude de l'Imperial College London parue dans *Nature Communications*, ces déchets organiques sont capables de séquestrer à chaque saison environ 20 mégatonnes de carbone qui tombent au fond des océans. Ce chiffre est comparable à la capacité cumulée des forêts de mangroves tropicales et subtropicales. C'est énorme.

Presque un cinquième du poids d'un krill est composé de protéines. Pauvre en lipides et riche en oméga-6 et oméga-3, il est l'aliment de base des baleines à fanons, qui en avalent plusieurs tonnes par jour. Mais les phoques crabiers, quelques requins, des oiseaux volants ou des manchots s'en régalent aussi.

Parmi eux, les *Euphausia superba*, le krill antarctique, est l'espèce la plus abondante sur Terre et l'une des dernières grandes ressources sauvages de la planète. Il représente une biomasse de plus de 500 millions de tonnes de matière vivante. Une source de nourriture quasi infinie, qui représente cinq fois le volume total des poissons pêchés chaque année dans le monde.

Mais cet équilibre millénaire se fait « sabrer » par l'activité humaine. En vingt ans, le volume de krill pêché est passé de 105 000 tonnes en 2002 à 415 000 tonnes en 2022, soit une augmentation de 395 %. Une quinzaine de navires spécialisés dans la pêche au krill, principalement norvégiens et chinois, sillonnent les eaux froides à la recherche des petits crustacés. Parmi eux, le *Fu Yuan Yu 9199*, chalutier chinois flambant neuf de 140 mètres, renforcé pour casser la glace. La technique est très simple : il suffit de repérer des rorquals, de les suivre et de leur prendre la nourriture qu'ils convoitent. Les affaires sont les affaires, et tant pis pour l'éthique.

C'est ce qu'a observé l'ONG Sea Shepherd Global en mars 2023, au large des îles Orcades du Sud en Antarctique : deux super chalutiers, nuit et jour, aspiraient vivants les milliers de petits krills. À bord, un système les écrasait pour les transformer en huile et rejetait dans l'eau froide de l'océan un liquide ocre, chaud et fumant.

> « C'est une absurdité et un crime contre la nature que le krill soit aspiré dans les océans australs reculés – par d'énormes navires industriels qui ont parcouru la moitié du monde pour y arriver – juste pour que cette espèce clé, dont dépend la santé de l'écosystème tout entier, [...] serve à rendre le saumon d'élevage rose », s'était insurgé Alistair Allan, chargé de campagne pour l'Antarctique à la Fondation Bob Brown.

Il existe de plus en plus de preuves que les manchots et les baleines souffrent de cette pêche destructrice. Parallèlement à la hausse de la demande, les prévisions concernant les populations de krill sont désormais alarmantes en raison du changement climatique, certains rapports suggérant une réduction de 50 % des taux d'éclosion de krill d'ici 2100. Dans le même temps, l'industrie de la pêche fait pression pour que les quotas de prises soient doublés. Les mots du philosophe, poète et naturaliste Henry David Thoreau écrits en mai 1840 semblent avoir été rédigés hier : « Quand nous nous montrons insensibles à la bonté, nous courons tout droit à la dette – et à la faillite. »

L'image d'une industrie durable et qui prône la responsabilité ne peut donc pas tenir si l'on tient compte du caractère exponentiel de la salmoniculture dans le monde. Chaque producteur de saumon connaît cette problématique et n'hésite d'ailleurs pas à inclure le FIFO dans sa communication, comme Lerøy l'a écrit sur son site : « Notre objectif FIFO est d'utiliser moins de 1 kg de poisson sauvage comme matière première dans l'alimentation des poissons pour la production de 1 kg de saumon d'élevage. »

Le soja : la déforestation

Pour limiter les prises de poisson de fourrage et tenter d'obtenir un rapport FIFO inférieur à 1 (c'est-à-dire utiliser moins d'un kilo de poisson de fourrage pour produire un kilo de saumon), les entreprises ont trouvé d'autres sources de protéines et, parmi elles, le soja.

Facile à cultiver avec peu d'entretien, c'est un allié précieux pour l'alimentation protéinée des saumons. Avec un rendement de trois tonnes à l'hectare, le Brésil en produit 155 millions de tonnes chaque année, devant les États-Unis et l'Argentine. Le pays est devenu en quelques années le leader incontesté de la production de soja. Mais pour y parvenir, il a dû faire de la place et raser des pans entiers de forêts. Avec l'élevage de bovins, la monoculture de soja est l'une des causes de la destruction de l'Amazonie.

Pour bien se représenter l'ampleur du phénomène, l'espace destiné à la culture du soja au Brésil équivaut à la superficie du Japon, soit 37 millions d'hectares, d'après le Fonds mondial pour la nature (WWF), à tel point que pour un kilo de saumon consommé en France, c'est 537 g de soja.

La région du Cerrado est la plus touchée par les coupes rases. Cet immense territoire qui borde le Paraguay et la Bolivie, et qui va jusqu'à lécher l'océan Atlantique, est aussi grand que l'Iran, soit un cinquième de la superficie du Brésil. Sa riche biodiversité, véritable perle naturelle bâtie au fil des millénaires, abrite un ensemble d'écosystèmes caractéristiques qui compte 11 000 espèces de plantes herbacées et ligneuses, 800 espèces d'oiseaux, 1 200 de poissons et 90 000 d'insectes. Quarante pour cent de ces espèces n'existent nulle part ailleurs.

Cerrado vient du portugais et signifie « fermé ». Cette savane, qu'on appelle un biome, comme il existe le biome amazonien composé de forêts denses ou celui du Pantanal formé de savane et de prairies inondées, est presque infranchissable. Elle a longtemps été regardée de travers, sans que personne ne sache quoi en faire. Dans les années 1950, Brasilia a été construite pour ouvrir la région, puis, vingt ans plus tard, des agronomes brésiliens ont créé un nouvel engrais riche en chaux, rendant le sol du Cerrado cultivable. Sans protection environnementale, la région a été défrichée par des machines, détruisant des milliers de kilomètres carrés de nature intacte. De grandes entreprises agricoles ont investi et créé d'immenses fermes industrielles, les *fazendeiros*, si bien qu'aujourd'hui, le Cerrado est considéré comme la zone au plus fort potentiel agricole de la planète par une spécialiste de la Banque mondiale.

Il existe pourtant un code forestier, créé en 1934, qui impose de garder une « réserve légale » en limitant le déboisement à 20 % dans les propriétés situées dans le biome amazonien et 65 % pour les propriétés du biome Cerrado. Mais la nature est joueuse, et la frontière entre la forêt et la savane peut se perdre. Il existe ainsi des poches du biome Cerrado en Amazonie et inversement. Les propriétaires ont donc abattu des arbres millénaires en pleine Amazonie, prétextant qu'ils se situaient en savane. Depuis, ce premier code forestier a été revu, réformé, allégé et a même amnistié les propriétaires qui n'ont pas respecté les règles avant 2008 ! Cela impliquerait une destruction jamais vue du Cerrado, de l'Amazonie et des peuples autochtones… Cette réforme, appétissante pour les grands propriétaires, tarde à se mettre en place. Des sénateurs sous influence du lobby agricole en profitent donc et hurlent au scandale, réclamant la suppression de la notion de « réserve légale ». Une mesure soutenue par Flávio Bolsonaro en 2019, fils du président d'extrême droite.

Selon une étude parue en 2020 dans la revue *Science*, 22 % des exportations de soja pourraient être issus de cette déforestation illégale, « financée à coups de centaines de millions d'euros par quatre banques françaises depuis près de dix ans : la BNP Paribas, le groupe Banque populaire et Caisse d'épargne (BPCE), la Société Générale, et le Crédit Agricole », selon une enquête menée par *Disclose* et *Repórter Brasil*. En partenariat avec Sherpa, Harvest et le Center Climate Crime Analysis, ils ont estimé que ces banques ont financé des entreprises agroalimentaires liées à la déforestation au Brésil pour plus de 743 millions d'euros entre 2013 et 2022. BNP Paribas est, de loin, la banque française qui a investi le plus dans le soja, le bœuf et l'huile de palme, avec 456 millions d'euros en dix ans. Sur place, l'un des acteurs français est dans l'œil des défenseurs de l'environnement : le groupe Carrefour, numéro un de la distribution alimentaire dans le pays et dont la part de responsabilité potentielle dans la déforestation de l'Amazonie est de l'ordre de 4,4 % depuis juin 2022 d'après le rapport de l'ONG Mighty Earth. Comment ? En achetant de la viande, des œufs ou du poisson nourris de soja.

L'Europe est le deuxième importateur du soja brésilien. Tous les saumons élevés en Écosse, en Irlande, en Islande ou en Norvège sont nourris avec du soja issu du Brésil.

Les exportations vers la France, l'Allemagne, les Pays-Bas, l'Espagne et le Royaume-Uni ont augmenté de 20 % au cours des neuf premiers mois de 2024 par rapport à la même période en 2023 et bondi de 39 % avec l'Espagne. Cette tendance pourrait encore s'accélérer si l'accord de libre-échange entre l'Europe et le Mercosur était signé. Un « bon accord » respectant « nos normes environnementales et sanitaires » rassure Emmanuel Macron. Mais le rapport Ambec, commandé par le Premier ministre Jean Castex afin de conduire une évaluation indépendante, avait déjà indiqué en 2020 que cet accord allait augmenter la déforestation de 5 % suivant la réduction des tarifs douaniers.

Le trio infernal qui rase la forêt est formé par les multinationales américaines Bunge et Cargill, qui produisent le soja, et la société brésilienne JBS, leader dans l'élevage de bovins. Repérables à l'aide d'un nouvel outil de suivi de la déforestation, le « Soy & Cattle Deforestation Tracker », ces trois sociétés caracolent en tête d'une liste de dix entreprises responsables d'une déforestation équivalente à plus de trente fois la superficie de Paris en Amazonie, dans le biome du Cerrado et du Pantanal. Il est intéressant de voir qu'on y retrouve le monstre mondial américain Cargill qui est aussi, rappelons-le, à la tête des bateaux « pilleurs des mers ». Les acteurs agroalimentaires mondiaux et notamment ceux de la salmoniculture représentent un petit monde avide de rentabilité « quoi qu'il en coûte »…

En attendant, le déboisement explose et la forêt amazonienne peine à se régénérer. Pourtant interdit par la loi brésilienne, le brûlis est largement pratiqué pour s'approprier illégalement des terres et préparer ces nouvelles zones pour l'élevage de bétail et la culture du soja. Si, en 2022, les incendies avaient augmenté de 93 % par rapport à l'année précédente, alors 2024 a battu tous les records, avec 140 328 incendies détectés par les images satellites de l'Institut national de recherche spatiale brésilien.

Le chef kayapo Raoni a passé sa vie à nous alerter sur le sort de sa maison, l'Amazonie. Coiffé de sa couronne de plumes jaunes, son labret sur la lèvre inférieure, le vieil homme né entre 1930 et 1934 est devenu une figure célèbre de son peuple sur les sujets de déforestation et la défense de la culture indigène.

> « Les grands propriétaires fonciers déboisent pour faire des cultures, y déversent des pesticides, qui se retrouvent dans les rivières dont nous buvons l'eau. Il faudrait boycotter les produits issus de cette dévastation, et que les Européens mangent ce qu'ils produisent sur leur propre sol. J'espère que vous allez m'aider dans ce combat, et le nerf de la guerre, c'est l'argent. »

Le Brésil détient le record mondial d'utilisation de pesticides depuis 2008, devant la Chine et les

États-Unis. Depuis 1990, les agriculteurs du monde entier ont doublé la quantité dispersée de ces produits chimiques avec 3,54 millions de tonnes de substances actives en 2021 utilisées selon les données de l'Organisation des nations unies pour l'alimentation et l'agriculture (FAO). Tout en haut, le Brésil en consomme 20 %.

Le célèbre glyphosate, un herbicide à large spectre, a été le plus massivement utilisé. Il a été classé comme « probablement cancérigène[1] » par l'Organisation mondiale de la santé, qui dit dans son rapport :

> « Du glyphosate a été détecté dans l'air lors des pulvérisations, dans l'eau et dans les aliments. La population générale est exposée principalement par le biais du voisinage des zones traitées, de l'utilisation domestique et de l'alimentation, et les concentrations observées sont généralement faibles. »

La loi brésilienne prévoit une limite maximale de résidus dans l'eau potable 5 000 fois plus élevée (500 µg/L) que ce qui est autorisé dans l'Union européenne (0,1 µg /L). Des études soulignent qu'entre 2007 et 2014, il y a eu environ 18 000 intoxications aiguës causées par des pesticides ; cependant, on

1. Un groupe de travail composé de 17 experts de 11 pays s'est réuni au Centre international de recherche sur le cancer (CIRC) du 3 au 10 mars 2015 pour examiner les preuves scientifiques publiées disponibles et évaluer la cancérogénicité de cinq insecticides et herbicides organophosphorés : le diazinon, le glyphosate, le malathion, le parathion et le tétrachlorvinphos.

estime que pour chaque cas d'intoxication enregistré, il existerait environ 50 cas non déclarés. Selon un rapport de Greenpeace, plus d'un tiers des pesticides actuellement autorisés au Brésil ne seraient pas autorisés par l'Union européenne. Ce vide juridique est une bénédiction pour le marché des pesticides. Parmi eux le carbofuran, le métolachlore, le tebuthiuron, la trifluraline ou le paraquat, qui auraient tué plus de 100 000 personnes depuis 1960, aujourd'hui vendus par l'entreprise chinoise Syngenta.

Pour encaisser toute cette pluie de produits chimiques, le soja planté dans la terre vierge doit résister. Il est donc modifié génétiquement. Au Brésil et en Argentine, 95 % du soja produit est transgénique. Les entreprises qui possèdent les brevets sur les nouvelles techniques de modifications génétiques ne sont qu'une poignée dans le monde et se nomment pour les plus puissantes Corteva (États-Unis), BASF (Allemagne), KWS (Allemagne), ChemChina (Chine) qui possède Syngenta, Limagrain (France) et Bayer (Allemagne) qui a avalé Monsanto en 2018 et qui domine le marché mondial. Ces six multinationales détiennent près de 60 % du marché mondial des semences. Ce sont peu ou prou les mêmes qui fabriquent les pesticides.

La course folle de celui qui développera le plus de pesticides est en marche et le Brésil est son laboratoire. Au cours des vingt dernières années, la Chine est devenue le centre économique mondial de la production, de l'utilisation et de l'exportation de pesticides. Depuis 2008, ses exportations de pesticides ont augmenté de 14 % par an.

Le président Lula a présenté en juin 2023 un Plan d'action pour la prévention et le contrôle de la déforestation en Amazonie légale (PPCDAm). Mais dix-huit mois plus tard, son gouvernement a autorisé 231 nouveaux produits dont certains sont considérés comme « dangereux pour la santé » et « toxiques pour l'environnement », un numéro d'équilibriste entre les intérêts économiques et environnementaux.

Ceux qui osent s'élever contre la destruction de leurs terres et qui dressent le poing sont de plus en plus menacés dans le monde. Intimidations, enlèvement ou meurtres, entre 2013 et 2023, plus de 2 100 défenseurs des droits fonciers et environnementaux ont perdu la vie, selon un rapport récent de l'ONG Globalwitness. Au Brésil, sur les 70 millions d'hectares cultivés, près de 40 millions d'hectares sont détenus par 300 grands propriétaires terriens sur 212 millions d'habitants. Ce déséquilibre gigantesque provoque des conflits quasi quotidiens.

« Ils peuvent me tuer à tout moment, mais ils le regretteront à jamais, car après ma mort, d'autres prendront ma place », avait clamé Aloisio Sampaio, syndicaliste connu sous le nom d'Alenquer, leader du Mouvement des travailleurs sans terre. Il a été assassiné le 11 octobre 2018 de huit balles dans la tête. Il vivait à Castelo de Sonhos, une ville située le long de la route BR-163 qui dessert le nord de l'État de Mato Grosso, la principale région productrice de soja du Brésil, et défendait des paysans qui s'accrochaient à des lopins de terre qu'ils cultivaient pour survivre. Mais leur prix ayant grimpé en flèche, une mafia s'était organisée pour s'en emparer, raser la forêt tropicale qui l'occupait et les revendre à grands profits aux éleveurs.

L'assassinat d'Alenquer a eu lieu quelques jours avant l'élection de Jair Bolsonaro, nouveau président du Brésil, soutien indéfectible des propriétaires fonciers et promoteur de l'utilisation des armes à feu. Lors d'une de ses visites de campagne à Pará, État du Nord, l'homme politique avait déjà salué les policiers militaires condamnés pour avoir tué dix-neuf paysans sans terre en 1996 durant le « massacre d'Eldorado do Carajás ». Ce jour du 17 avril 1996, des hommes et des femmes du Mouvement des travailleurs ruraux sans terre (MST) étaient sortis pour marcher pacifiquement afin de réclamer une réforme agraire. En réponse, la police les avait tirés comme des animaux. Depuis, cette journée est devenue la « Journée internationale de lutte pour les territoires » et la « Journée nationale de lutte pour la réforme agraire ». Bolsanaro avait même promis durant sa campagne de classer MST comme organisation terroriste.

Aujourd'hui, l'ancien président d'extrême droite risque quarante-trois années de prison pour sa tentative de coup d'État et le MST est toujours debout. Le mouvement poursuit sa lutte effrénée pour dénoncer ce modèle qui « privilégie les profits des grandes entreprises au détriment de la vie et de la souveraineté alimentaire du peuple brésilien ». Pour le mouvement, le Brésil traverse une grave crise alimentaire « avec des millions de personnes souffrant de la faim et « l'agrobusiness dirige sa production vers l'exportation, au lieu d'approvisionner le marché intérieur ».

L'Union européenne devait interdire au 30 décembre 2024 les importations de certains produits provenant d'une déforestation effectuée après décembre 2020 (cacao, café, soja, huile de palme, bois…). Ce texte emblématique issu du « Green Deal », qui vise à réduire de 55 % les émissions de CO_2 des 27 pays d'ici 2030, a été très mal accueilli par le milieu des affaires. Les entreprises importatrices en Amérique du Sud, en Afrique ou en Asie, responsables de leur chaîne d'approvisionnement, devront prouver la traçabilité via des données de géolocalisation fournies par les agriculteurs avec des photos satellitaires. « La première loi au monde pour tenter de stopper ce désastre ! », avait défendu Anke Schulmeister, responsable forêt du Fonds mondial pour la nature (WWF) à Bruxelles. Mais sous la pression des députés de droite et d'extrême droite, l'entrée en vigueur du texte a été décalée d'une année.

L'alimentation des saumons a allumé la mèche d'une « bombe écologique et sociale » partout sur la planète. La question n'est pas tant de savoir quels dégâts elle causera car on les devine déjà, mais de se demander si l'humanité parviendra à l'éteindre avant l'irréversible.

« Travailleurs, j'ai confiance dans le Chili
et en son destin. D'autres hommes espèrent plutôt
le moment gris et amer où la trahison s'imposerait.
Allez de l'avant sachant que bientôt s'ouvriront
de grandes avenues où passera l'homme libre
pour construire une société meilleure. »

Salvador Allende,
allocution lors du coup d'État
du 11 septembre 1973

Des poissons sortis de nulle part...

LA PRODUCTION CHILIENNE

Grande comme trois fois le Luxembourg, l'île de Chiloé en Patagonie est dans le top cinq des plus grandes îles du continent sud-américain. Facilement reconnaissable avec ses *palafitos*, maisons du XIXe siècle colorées et montées sur pilotis, ses terres sont restées préservées de la colonisation massive en gardant des paysages totalement vierges.

Le peuple des Chilotes qui occupait les lieux à l'arrivée des Espagnols cultivait la pomme de terre, le maïs et le quinoa. Ils pêchaient et ramassaient des fruits de mer. Plus tard, les Indiens Mapuches sont parvenus à chasser les Espagnols de l'île, sans savoir qu'ils venaient de sauver leur île de la prédation occidentale, mais pour un temps seulement.

Sortir de la dépendance au cuivre

Cette parenthèse enchantée se ferme dans les années 1990, lorsque les fermes usines de saumons apparaîtront. Le saumon n'a jamais existé à Chiloé, pas plus que dans tout l'hémisphère Sud. C'est un poisson du nord. Produire de l'« or rose » est un choix du gouvernement chilien pour sortir le pays de la dépendance au cuivre et diversifier ses rentrées d'argent.

Le Chili possède plus de cuivre que tous les autres pays du monde réunis. La mine de Chuquicamata, exploitée depuis le début du XXe siècle dans le désert d'Atacama, est encore à ce jour la plus grande mine ouverte du monde tout métal confondu. Les conditions de travail apocalyptiques ont marqué les esprits à jamais. Déjà en 1928, Marcial Figueroa écrivait, dans *Chuquicamata, la tumba del chilino* : « Le fossoyeur, chaque jour, enterrait six victimes, dont des adultes et de jeunes enfants. [...] Depuis le milieu de 1916 jusqu'au 13 décembre 1919, 1 308 cadavres d'enfants indigènes furent enterrés dans ce cimetière. » Selon certains historiens, c'est cette fosse gigantesque qui aurait transformé le jeune Che Guevara en révolutionnaire en mars 1952 lors de sa traversée aventureuse de l'Amérique latine à motocyclette.

Il était temps de passer à autre chose pour les autorités et d'attirer l'attention sur des activités qui provoqueraient moins de velléités révolutionnaires.

Mais que faire dans un pays de 4 200 kilomètres de long et 200 de large, qui possède peu de terres cultivables et qui est habité en partie par des pêcheurs pauvres ? Du poisson ! L'île de Chiloé était toute choisie. Grande comme la Corse, isolée, peuplée seulement de pêcheurs pauvres, elle présentait des atouts séduisants pour développer une nouvelle économie. Ce bout de terre avait été dans les années 1940 le cœur d'une production d'huîtres et gardait une âme de terre marine. Le saumon devrait faire l'affaire, et tant pis pour le réservoir de biodiversité, les autorités n'y pensent pas.

Le Japon à la rescousse et le décollage

Si, depuis le début du XXe siècle, toutes les tentatives de transplantation d'alevins s'étaient soldées par un échec, le changement vint de l'aide de l'agence japonaise de coopération internationale qui, dès 1969, a formé des techniciens du Service national chilien de la pêche à Hokkaido. Dans la ville isolée de Coyhaique, située dans le sud de la Patagonie, les essais ont débuté en 1972 avec des millions d'œufs de saumons *masu* (*Oncorhynchus masou*) venus spécialement du Japon par avion, puis des œufs de saumons *keta* dès 1974. Nouvel échec, aucun alevin n'était parvenu à frayer, c'est-à-dire parvenir à revenir à leur lieu de naissance pour pondre à leur tour.

Avec des plafonds de budgets crevés et des équipes lessivées, l'introduction du saumon au Chili laissera des traces. Le docteur Yoshikazu Shiraishi, responsable scientifique des opérations, mourra prématurément en novembre 1972, en écrivant, un mois avant sa mort : « En tant que scientifique, j'ai de grands espoirs de pouvoir tirer le meilleur parti de ce que j'ai appris et, je l'espère, de créer des pêcheries de saumon et de truite dans l'hémisphère Sud ainsi que dans les eaux du Nord. » Il n'aura pas eu le temps de voir son œuvre se concrétiser. Car dès 1973, la région des Lacs ouvrira en effet la très moderne pisciculture de Pullinque et en 1981 la Fundación Chile créera la Salmones Antartica, la première entreprise privée d'élevage et de commercialisation du saumon du pays. Dès lors, la production du saumon n'aura fait que croître de manière exponentielle, avec comme importateur principal le Japon.

Les années 1980 marquent l'entrée en scène des investisseurs étrangers. À partir de cette période, des chiffres deviennent éloquents. 1985, la production ne dépassait pas les 1 000 tonnes par an ; elle atteint les 100 000 tonnes dix ans plus tard. Une croissance *fois cent* qui a propulsé le pays au deuxième rang mondial des géants du saumon, derrière la Norvège et devant l'Écosse. La Norvège qui, de son côté, avait mis quinze ans à obtenir un résultat similaire. La production chilienne est devenue un chauffeur de Formule 1 qui fonce à toute allure sans ceinture ni casque. Entre 1980 et 1989, sa croissance était de 123,8 % alors que la Norvège stagnait à 33 %. Dans l'histoire moderne, qu'un pays novice parvienne à se hisser parmi les plus grands en si peu de temps reste rare. On peut citer Taïwan, ancienne île de pauvres pêcheurs, devenue leader dans la fabrication des semi-conducteurs, ou le Qatar, autrefois terre de Bédouins et aujourd'hui acteur primordial dans la production d'hydrocarbures.

L'envolée s'est confirmée les années suivantes. Les exportations de saumon sont passées de 38 millions de dollars en 1989 à 964 millions de dollars en 2001.

Une volonté politique

Considérée comme ayant les eaux « les plus pures au monde », la région des Lacs a attiré bon nombre d'investisseurs privés dont AquaChile, Salmones Austral, Cermaq Chili ou Mowi Chile.

En 2021, le pays a produit un million de tonnes de saumon pour une valeur de 5 milliards de dollars et fait travailler 71 000 personnes. Croissance indécente, pesos et dollars à profusion, le pays s'est incarné en pays du saumon et Puerto Montt est devenue la capitale de la production en quelques années. Elle organise le salon de l'aquaculture Aquasur, le plus grand de l'hémisphère Sud qui réunit « des centaines d'acteurs du secteur aquacole dans le but de les mettre en relation et de faire connaître les dernières technologies et innovations de l'industrie » sur 12 500 m² d'expositions, avec 230 exposants et pas moins de 25 pays présents. Le tout organisé par la société Fisa, filiale du géant français GL Events basé à Lyon, doté de plus d'un milliard d'euros de chiffre d'affaires et qui organise, au-delà des Jeux olympiques à Paris ou des coupes du monde de football, les COP environnementales. C'est le « en même temps » du capitalisme : promouvoir la production du saumon et ses effets délétères sur l'environnement et en même temps organiser les COP mondiales pour sauver l'environnement. *Business is business.*

Fort de son succès, la production du saumon s'est organisée depuis 1986 en véritable lobby dirigé par l'association SalmonChile présente dans les régions de poissons Chiloé, Los Lagos, Aysén et Auricanía. En juillet 2024, du haut de son piédestal, elle a organisé pour la première fois son propre salon, dans la ville de Frutillar, au nord de Chiloé. D'entrée de jeu, le président de l'association Arturo Clement a voulu frapper fort en déclarant : « Nous voulons nous projeter et croître de manière responsable d'ici 2050, nous ne voulons pas que notre activité disparaisse ou diminue, nous voulons que vous nous écoutiez, que vous dialoguiez et contribuiez ainsi à la croissance du Chili. » À l'entendre, l'avenir serait donc tout tracé pour les « intérêts » du saumon.

Pesticides et antibiotiques

Pourtant, tout n'a pas été si rose au pays des Indiens Mapuches. En 2007, le virus ISA (Anémie infectieuse du saumon) avait fait son apparition dans les bassins d'élevages. Inoffensif pour l'homme, il est en revanche fatal au saumon car il empêche sa croissance.

Cette infection, d'abord détectée à Chiloé, a touché rapidement trois régions et a fait basculer toute l'industrie dans l'effroi. Les exportations ont chuté et les pertes économiques ont été considérables. Le saumon de l'Atlantique, qui subit une phase développement en pleine mer, a été directement confronté à la contamination. Cette anémie infectieuse, qui s'est diffusée rapidement, a fait chuter la production de saumon de 200 000 tonnes en 2009. Des usines ont dû fermer, 20 000 personnes ont perdu leur travail et le cours du saumon a bondi de 50 % sur le marché mondial.

En 2009, les industriels ont donc mené une titanesque campagne de vaccination sur 12 millions de poissons étalée sur six mois, quitte à voir apparaître une recrudescence de maladies et une antibiorésistance des poissons. À l'origine du vaccin, le laboratoire chilien Recalcine, revendu en 2011 aux Américains de Abbott Laboratories pour une opération de plus de 3,3 milliards de dollars. Même quand le saumon est au plus mal, il rapporte beaucoup d'argent.

Mais en février 2016, ça recommence. Une nouvelle crise sanitaire apparaît avec la Floraison d'algues nuisibles (FAN). Ce phénomène naturel se produit lorsque les températures des eaux et la radiation solaire augmentent. En deux mois seulement, 106 000 tonnes de poissons meurent, occasionnant une perte de 100 millions de dollars. C'est 12 % de la production annuelle du pays. En 2018, une nouvelle irruption du FAN est apparue, mais les pertes ont été maîtrisées.

Ces crises majeures ont levé le voile sur des secrets de fabrication du saumon dignes des pires films d'horreur. En 2014, le journaliste Wilfried Huismann a publié une enquête de 260 pages montrant la forte promiscuité des animaux dans leur bassin et le surdosage de médicaments et de pesticides. Sur 478 élevages, 420 ont été infestés de poux avec un usage d'antibiotiques hors de contrôle, 800 fois plus élevé qu'en Norvège.

Selon le *New York Times*, 338 tonnes d'antibiotiques ont été utilisées dans les élevages de saumon au Chili en 2023. Le journaliste allemand a documenté les effets dévastateurs de la production intensive du saumon sur l'environnement marin en état d'anoxie, c'est-à-dire privé d'oxygène, la modification génétique des espèces sauvages croisées avec les espèces d'élevage et l'effondrement d'une branche de l'économie locale : la pêche.

En haut de la pyramide trône Mowi Chile. Les contraintes sanitaires étant moins fortes qu'en Norvège, les industriels ont donc utilisé tous les stratagèmes pour obtenir les meilleurs rendements.

Encore aujourd'hui, les entreprises de salmonicultures sont à la manœuvre pour passer en force. La Fondation Terram a rendu un rapport en 2023 qui pointe du doigt 95 cas de surproduction dans des réserves nationales et note une absence de contrôle des pouvoirs publics. Cerise sur le gâteau, Marine Harvest avait signé en 2011 un partenariat avec WWF au nom des progrès futurs. Toujours selon le journaliste, le WWF avait reçu en novembre 2014 de larges subventions de la part d'entreprises chiliennes pour promouvoir et développer le « verdissement » de l'aquaculture et sa labellisation ASC (Aquaculture Stewardship Council), label créé par le WWF lui-même, en 2010. Une catastrophe selon les associations locales, qui craignent un étalement des bassins de production dans des zones encore vierges de Patagonie. Cette collaboration est toujours en cours selon le site web de Mowi Chile. Par ailleurs, on peut lire sur la page internet du WWF France que le label ASC respecte l'environnement seulement à hauteur de 50 % et le bien-être animal dans les mêmes proportions.

Aujourd'hui, le WWF semble être revenu de loin et affirme sur son site internet que « la surexploitation des ressources maritimes et forestières de la région du sud du Chili fragilise fortement son équilibre écologique » et que « l'intensification de l'aquaculture [...] participe à la pollution des eaux [...]. De plus, des maladies se propagent hors des bassins de culture et peuvent affecter les espèces sauvages. » C'est dit.

À la suite des pertes colossales causées par la crise de 2007, le gouvernement avait permis en avril 2010 de procéder à une révision de la réglementation sanitaire et environnementale qui régissait l'activité salmonicole de l'époque. La loi « aquaculture 20.434 » prévoyait notamment le bien-être des saumons. Mais, selon plusieurs spécialistes dont Sandra Bravo, biologiste à l'Université Austral du Chili à Valdivia,

> « l'article 13 F de la loi n° 20434 exige que l'aquaculture respecte des normes qui protègent le bien-être des animaux et des procédures qui évitent des souffrances inutiles, il n'existe pas de protocoles standardisés d'évaluation du bien-être des animaux, ce qui conduit à ce que le bien-être animal soit évalué de différentes manières, voire pas du tout ».

Quellón, capitale du saumon

Autrefois connue comme étant « la frontière du christianisme dans le monde », Quellón est situé sur l'île de Chiloé. Son nom proviendrait du mot *kellun*, qui signifie en langue mapuche « aider ». C'est ici que les Jésuites y pratiquèrent dès 1609 des « missions circulaires » pour évangéliser les autochtones Alacalufes, Chonos, Yaganes, Huiliches qui parlaient tous des langues différentes et qui habitaient des cabanes de bois et de paille. La ville, elle, fut créée plus tard, en 1905, grâce notamment à l'implantation de l'entreprise d'alcool Quellón Destilatorio, entreprise pionnière dans la production d'acétone, d'alcool méthylique et de charbon de bois pour les mines de nitrate situées au nord du pays. Le port et l'usine furent le cœur de la nouvelle commune irriguée par la culture huilliche et ses multiples richesses naturelles.

Aujourd'hui, selon le site internet de la ville, Quellón est « un paradis naturel unique. D'où l'invitation au voyageur de découvrir cette fascinante biodiversité et de la protéger lors de sa visite, notamment en étant prudent sur la route où de nombreux animaux meurent écrasés ». Pourtant, la ville n'attire pas les cohortes de touristes, malgré sa situation géographique qui la place sur la route panaméricaine qui relie l'Alaska à la pointe de l'Argentine. C'est avant tout une ville de pêcheurs, qui séduit peu, et où la vie nocturne vous donne envie de rester chez vous : alcool, prostitution et rixes au coin des rues. « Entre 1982 et 1992, la population de Chiloé a augmenté de 15 % puis de 19 % supplémentaires au cours des dix années suivantes, ce qui est supérieur au taux de croissance de la population nationale (13 %) », explique la sociologue Natalia Briceno-Lagos qui a travaillé pendant deux ans dans une ONG sur les problématiques socio-environnementales affectant les communautés côtières en Patagonie. Pour elle, l'île est devenue une société d'exilés dans un contexte de migrations internes d'une région à une autre.

Dans la ville, pas moins de sept usines de transformation tournent à plein régime dont la plus grande du monde détenue par le groupe AquaChile. Chaque jour, au rythme de dix à douze heures de travail, les ouvriers transforment dans le bruit continu des machines plus de 300 tonnes de poisson. Des usines *maquilas* ou *maquiladoras*, c'est-à-dire des sous-traitants, sont même appelées en renfort pour ouvrir des nouvelles lignes de production dans une cadence folle. Ces entreprises de secours ne pratiquent pas de jours de repos hebdomadaires et utilisent les ouvriers comme des variables d'ajustement qu'elles pressent à leur bon vouloir. Les usines de transformation, elles, ne s'arrêtent jamais et proposent à leurs employés de faire la *changa*, c'est-à-dire du travail supplémentaire difficile à refuser. Alors quand les managers posent la question de qui veut faire une *changa*, il vaut mieux accepter pour ne pas subir la rancune des patrons.

La machine à saumon de Quellón avale autant de poissons qu'elle avale d'ouvriers. Elle envoie des annonces de recrutement aux quatre coins du pays, souvent à plus de 1 000 kilomètres, comme dans la ville de Los Sauces, dans la région de l'Aurican, où un quart des habitants vivent sous le seuil de pauvreté. Depuis les années 1980, cette bourgade s'est vidée de ses habitants au profit de l'aquaculture, bien qu'elle soit loin de l'océan.

Sur l'île de Chiloé, une autre méthode pour recruter les prochains ouvriers est l'introduction de l'aquaculture dans les écoles *via* un accord passé entre les établissements scolaires publics ou privés et les entreprises telles que SalmoMar ou AquaChile. Les étudiants ressortent avec une formation de « techniciens en aquaculture » ou « techniciens en transformation alimentaire industrielle ». Les jeunes de 17-18 ans viennent de Toltén, de Teodoro Smith, de Temuco et des petites communes de la région de l'Araucanía. Une migration massive appréciée par les patrons qui trouvent que les Chilotes sont paresseux et manquent de discipline au travail.

Pour produire presque un million de tonnes de poisson chaque année, l'industrie du saumon fait fi des droits humains les plus élémentaires. À Chiloé, les employés sont invisibles aux yeux des Chiliens et du monde. 98 % du poisson étant destinés à l'exportation, ces femmes et ces hommes travaillent d'arrache-pied pour des salaires souvent misérables.

Dans les bassins, ceux qui s'exposent aux dangers immédiats sont les plongeurs. Ils ont un rôle essentiel dans les rouages de la production de saumon. Quelles que soient les conditions météorologiques, leur mission est d'entretenir les installations en s'enfonçant dans les eaux grouillantes, sans système de sécurité, nageant avec des contrepoids et des câbles au-dessus d'eux. Selon l'association Ecoceanos, 80 ouvriers du saumon ont perdu la vie entre 2013 et 2023. Et entre 2021 et avril 2025, 12 plongeurs sont morts dans des opérations liées au saumon[1]. Pour l'association SalmonChile, la cause principale est l'inattention des ouvriers. Pourtant, sous l'eau, c'est l'enfer : filets déchirés, tuyaux en caoutchouc, batteries, pneus, des tonnes de déchets industriels mélangés aux matières fécales des poissons d'élevage. La faune et la flore sont dévastées et les plongeurs sont en danger permanent.

Dans les usines, le constat n'est pas plus rassurant. Les femmes travaillent à la chaîne, souvent douze heures d'affilée, en position debout et dans une atmosphère maintenue à 8 °C. À terme, les corps s'abîment et des pathologies comme les varices ou les infections urinaires apparaissent. Les ouvrières ont besoin de quitter leur poste pour se rendre aux toilettes alors que la chaîne de production fonctionne à flux tendu. Rien ne doit s'interrompre. Rien ne doit compromettre la machine infernale qui crache près de 3 000 tonnes de poisson par jour. Courroucés de voir ces employées quitter leur poste de travail, les

1. Depuis, 2 personnes sont mortes en avril et mai 2025, ce qui augmente le bilan à 79.

contremaîtres ont réduit les « pauses pipi » à seulement deux par jour. Et si d'aventure elles devaient manifester leur mécontentement, elles seraient remplacées illico. *Idem* pour ceux qui auraient la mauvaise idée d'attaquer l'entreprise en cas d'accident. De nombreux cas d'amputations ont pourtant été recensés (bras, phalange…) et, là encore, l'employeur plaide l'inattention ou l'inexpérience de la victime, balayant d'un revers de main toute tentative d'indemnisation. Une armée d'avocats bien rodée est de toute façon prête à défendre les intérêts des firmes à tous moments.

> « Les entreprises chiliennes disposent d'un large éventail juridique de possibilités de flexibilisation, pour l'entrée et la sortie des travailleurs du marché du travail (embauche et licenciement), pour fixer les conditions de travail (variation des salaires et de la durée des horaires) et pour déterminer les fonctions du travailleur (polyvalence) », écrit Natalia Briceno-Lagos.

Pour protéger les ouvriers, il existe des mesures qui encadrent l'activité du point de vue environnemental et sanitaire depuis 2010. Mais malgré ce cadre réglementaire, les conditions de travail dans l'industrie du saumon restent problématiques. L'idée de créer un statut particulier a germé. Il s'agirait, comme les mineurs de fond, d'inscrire dans la loi des normes de sécurité et de santé obligatoires. Créer cette spécificité permettrait aussi de cadrer les contrats en stabilisant les emplois, les heures de travail, les salaires ou les pauses. Mais le patronat résiste et le projet reste dans les cartons, au grand dam des salariés.

En attendant, des syndicats se mettent en place. Dans la région de Los Lagos, il existe 289 représentations syndicales actives, selon la direction du Travail. C'est beaucoup, peut-être même trop, si bien que leur voix n'est plus audible dans le capharnaüm des revendications. Par ailleurs, la plupart des sections syndicales sont montées par l'entreprise elle-même, sous l'étiquette d'un syndicat dit « ouvrier », afin de répondre aux intérêts des patrons.

La marée rouge de 2016 – Marea Roja

Ce qui s'est passé en 2016 est sans doute l'un des plus grands écocides que le Chili ait pu connaître.

Le 21 avril, la région de Chiloé se réveille dans une marée rouge de cinq kilomètres de large. En quelques jours, les mollusques, les oiseaux et les mammifères qui vivent dans la région périssent en grand nombre. Le 28, la marine chilienne annonce une « détresse écologique » devant les plages de Playa Grande de Cucao, Huentemó et Chanquín. Les mots ont un sens. Le gouvernement reste muet. Les habitants, qui vivent en majorité des produits de la mer, sont désemparés. 31 000 personnes sont impactées directement. Les pêcheurs hurlent leur colère en bloquant les routes avec des pneus enflammés.

Les scientifiques se grattent la tête. Leur premier diagnostic s'oriente vers une asphyxie des poissons due à un *bloom* des algues toxiques *Alexandrium Catenella*, c'est-à-dire une croissance accélérée que les petits crustacés planctoniques n'ont pas eu le temps de consommer. Ces algues se sont ensuite décomposées par les bactéries qui utilisent tout l'oxygène de l'eau – phénomène d'anoxie – et provoquent ainsi une extinction de masse des organismes vivants.

Pour que cette cascade se produise, il faut une cause primaire. Les scientifiques ont alors tablé sur une eutrophisation du biotope, c'est-à-dire un surplus de nourriture. Les regards se sont tournés vers les bassins de saumons, qui représentent la seule industrie de la région. Le journaliste allemand Wilfried Huismann est parvenu à établir un scénario qui a mené à la catastrophe. Il l'a détaillé dans son documentaire *La fièvre du saumon*, sorti en 2010 :

Un mois auparavant, le 4 mars, la Direction générale des eaux territoriales et de la marine marchande chilienne (DIRECTEMAR) avait reçu la demande de l'association lobbyiste SalmonChile de déverser 9 000 tonnes de saumons d'élevage morts dans l'océan Pacifique de Patagonie du Sud, devant la région des Lacs. En effet, 40 000 tonnes de biomasse étaient mortes à cause d'une microalgue nuisible.

C'est autant de chair en putréfaction qui véhicule des maladies transmissibles à l'homme. Après moult négociations avec le service d'État chargé de la pêche et de l'aquaculture (Sernapesca), le gouvernement a enfin proposé de transformer la moitié des cadavres en farine animale et d'en enterrer un quart. Il restait un dernier quart, plusieurs milliers de tonnes, qu'il fallait évacuer quelque part. DIRECTEMAR a donc autorisé SalmonChile à déverser 9 000 tonnes de saumons morts. Une solution qui « ne nuirait pas à l'écosystème océanique, ni à la vie humaine en mer, aux routes maritimes, ainsi qu'aux activités d'autres usagers de la mer », d'après les autorités. La procédure a donc été réalisée par 11 bateaux, dans une zone circulaire de 9 km de rayon à 140 km de la côte. Le mal était fait.

Suite à la catastrophe, une commission « Marea rojea » a été mise en place par le gouvernement pour désigner un coupable. Composée d'un groupe de six experts en sciences marines, le rapport publié en novembre 2016 a estimé qu'il n'y avait aucun lien entre le déversement de déchets des élevages de saumon et la marée rouge.

Mais en 2021, un nouveau rapport, rédigé cette fois par une équipe franco-chilienne et indépendante, étrille la version officielle en l'accusant de « comporter des défauts méthodologiques » et que le rapport « a trouvé ce qu'ils voulaient trouver ». En effet, l'équipe s'est penchée sur des images satellites de l'époque, qui montrent un tourbillon dans la zone. Cette dépression a rejeté la pollution sur les côtes. Greenpeace avait rendu un rapport similaire en se fondant sur des images de la NASA juste après la marée rouge.

La contre-attaque des ONG

Dès janvier 2017, plusieurs ONG se sont réunies à Cobquecura, dans la région du Bío, à l'appel d'organisations écologiques comme Ecoceanos, Greenpeace, Chiloé Esta Privado, Coastal Vigilante ou Cobquecura Sea Defence Committee. Elles ont publié une déclaration intitulée : « Première réunion des communautés et mouvements sociaux en conflit avec les monocultures industrielles de saumon » qui déclare que :

> « L'industrie du saumon entraîne la destruction de l'environnement, le déplacement des économies locales et des espèces indigènes, la propagation de diverses infections, les abus et le manque de contrôle dans l'application des antibiotiques pour faire face à leurs ravageurs, dommages à la santé des personnes dus à leur consommation, grave contamination, exploitation et pillage. »

Par ailleurs, les associations ont lancé un appel clair et précis : « Nous appelons la population locale et internationale à ne pas consommer de saumon du

Chili. » C'est ce qu'a repris le *Washington Post* en juillet 2024, qui cite l'association Seafood Watch et un classement selon lequel le saumon chilien serait celui qui causerait le plus de dommages environnementaux avec le saumon norvégien. Néanmoins, l'article précise que « le poisson constitue un meilleur choix pour l'environnement que le poulet, le bœuf et d'autres types de protéines animales terrestres ».

La pression monte et les couteaux sortent. Lors du discours d'ouverture au salon de SalmonChile de juillet 2024, le président de l'association Arturo Clement avait clamé haut et fort : « Nous ne voulons pas qu'ils nous fassent disparaître » sous le regard attentif de l'ancien président du Chili Eduardo Frei Ruiz-Tagle venu en renfort. Ce « nous » aux contours mal définis représentait en fait les associations, les habitants, des élus et d'autres forces citoyennes lasses des désordres engendrés par la salmoniculture. Les chiffres parlent d'eux-mêmes : 12 % des Chiliens seulement consomment du saumon. Tout est prévu pour l'exportation. D'ailleurs la sanction est sans appel : seuls 17 % des Chiliens font confiance aux industriels du saumon. Ces chiffres semblent logiques quand on apprend que le pays caracole en tête des pays d'Amérique du Sud où l'on meurt le plus à cause de la pollution environnementale, selon une étude très sérieuse du *Lancet* parue en 2022.

L'espoir était pourtant permis, lorsque le jeune candidat Gabriel Boric a gagné les élections présidentielles en 2022. Natif de Punta Arenas, il connaît bien le sujet et avait rédigé dans un programme résumé en 53 points intitulé *Pour un nouveau Chili*, dont le numéro 24 disait explicitement : « Nous annulerons la loi corrompue sur la pêche et favoriserons une nouvelle législation qui garantit la durabilité des écosystèmes. » Mais rien ne s'est passé comme prévu.

L'association Defendamos Chiloé, fondée en 2015, ne cache pas son amertume et dénonce régulièrement sur les réseaux sociaux la passivité du jeune président. Elle écrit sur Facebook, le 2 octobre 2024 :

> « La déception et la tristesse sont énormes, car l'espoir d'avoir le premier gouvernement écologiste de l'histoire du Chili est manqué. [...] C'est une aberration et une honte internationale pour un gouvernement qui [...] prétend être LEADER de la protection de l'océan à l'échelle mondiale. »

En effet, le Chili est le seul pays avec les Palaos à avoir signé en janvier 2024 un accord visant à protéger les eaux internationales.

La production chilienne poursuit son expansion malgré les contestations locales et le travail infatigable des associations environnementales qui réclament l'arrêt pur et simple de cette industrie. Pour éviter que des bassins ne se développent plus au sud, dans les régions encore vierges, notamment dans le parc Kawésqar, Greenpeace se bat de son côté pour que la zone soit qualifiée de « parc national » et ainsi la protéger. En attendant, l'association, avec d'autres comme FIMA et AIDA Chile, tente de stopper la démultiplication des centres d'élevages auprès des tribunaux pour gagner du temps. Mais les autorités n'ont pas dit leur dernier mot et les membres de la Chambre des députés du Parlement chilien ont adopté un amendement en décembre 2023 qui oblige les ONG à enregistrer chaque année les montants et les sources de leur financement et d'y accoler le nom des donateurs.

Le pays voisin, l'Argentine, a décidé en juin 2021 de sauter le pas et d'interdire purement et simplement l'élevage de saumon qualifié de « nocif pour l'environnement ». Mais, depuis l'arrivée du libertarien Javier Milei au poste de président en décembre 2023, le ministère de l'Environnement a été transformé en un sous-secrétariat dépendant du ministère de l'Intérieur. Autant dire que cette interdiction est frontalement menacée.

De son côté, le Chili court vers le profit et rêve un jour de prendre à la Norvège la première place mondiale de la production de saumon.

« Agir dans son lieu, penser avec le monde. »

Edouard Glissant,
extrait de l'interview du 6 février 2007
par le journal *L'Humanité*

Grosse consommation et production marginale…

PRESSIONS SUR LA FRANCE

La France est le quatrième pays parmi les plus gros consommateurs de saumon au monde avec 269 778 tonnes et prend la première marche du plus gros mangeur de saumon d'Europe. Les Français importent 99 % des saumons, issus d'élevages piscicoles provenant d'abord de Norvège, entre 48 % et 70 % selon les années, et du Royaume-Uni ensuite, avec un chiffre qui varie entre 20 et 30 %. On peut également trouver sur les étals de nos supermarchés du saumon des îles Féroé ou d'Islande, mais en quantité plus faible.

La France n'est pas une exception dans sa folle consommation de poisson d'élevage car, dans le monde, la moitié des produits marins proviennent d'élevages. Chaque année, un Français engloutit 4,18 kg de saumons. C'est moins que les Suédois (6,35 kg), mais c'est plus que les Japonais. Ces derniers en avalent « seulement » 3,84 kg par an.

Si nous sommes friands de saumon, nous n'en produisons en revanche presque pas. Le dévolu des Français s'est plutôt jeté sur la truite arc-en-ciel, qui représente 96 % de la production nationale. Cette contradiction a attiré l'attention des hommes d'affaires de tout bord avec comme arguments : la souveraineté alimentaire et l'écologie !

C'est ce qu'il s'est passé en Bretagne. Les élus de l'agglomération Guingamp-Paimpol avaient donné leur accord en 2021 pour vendre un terrain situé à Plouisy à l'entreprise norvégienne Smart Salmon, qui prévoyait d'y produire entre 8 et 20 mille tonnes de saumon par an. Avec ses 5 500 kilomètres de littoral, ses milliers de rivières et de plans d'eau, la France est un territoire naturellement propice à l'élevage de poisson, en eau douce comme en eau de mer. Alors que vient faire la vente d'un terrain dans un projet de salmoniculture ?

Il s'agit en fait de reproduire dans d'immenses cuves les conditions de vie nécessaires à la croissance de poisson nécessitant des dizaines de millions de litres d'eau. C'est le système RAS mis en place par l'entreprise israélienne AquaMaof, et qui signifie en anglais *Recirculating Aquaculture Systems*. Soit un élevage « en système recirculé », fermé et sorti des eaux de la mer pour le poser en terre. Pas de poux de mers, pas de maladies, pas de pesticides ! Avec de tels aquariums, de nombreux paramètres physico-chimiques de l'eau doivent être surveillés chaque minute comme l'apport en oxygène, l'élimination du CO_2 ou la salinité. Une machinerie produisant 10 000 tonnes de saumons par an nécessiterait par ailleurs une énergie considérable, 100 Gwh/an ce qui équivaut à la consommation annuelle d'une population de 43 000 Français.

Monté sans consultation préalable de la population, le projet a fait grincer des dents. Le collectif d'opposants Douriou Gouez s'est constitué pour contrecarrer les ambitions de l'entreprise norvégienne. Cette dernière tentait pourtant de rassurer en écrivant sur son site internet que le projet s'inscrivait « dans le cadre du Green Deal européen » et pouvait « contribuer au profil vert et innovant de l'aquaculture française ».

Outre l'énergie utilisée, les chiffres fournis par Smart Salmon étaient éloquents : 600 000 litres d'eau nécessaires chaque jour, soit l'équivalent de la consommation de 4 000 personnes, 8 000 tonnes de poissons sauvages pour l'alimentation et 10 hectares de terres agricoles artificialisées, soit 20 % des surfaces disponibles dans l'ensemble des zones d'activité de l'agglomération. À cela, il faut ajouter les purges éventuelles d'eaux usées qui se pratiquent régulièrement dans le cas de fermes autosuffisantes et entièrement circulaires. Un rapport de FranceAgriMer avait estimé en 2019 que pour une aquaculture produisant 10 000 tonnes de saumons par an, ces rejets d'eaux représentaient 5 000 tonnes de boues, 500 tonnes d'azote et 80 tonnes de phosphore, menaçant directement les écosystèmes.

« Si l'on ramène ce tonnage au cochon, cela fait 3 000 à 7 000 porcs. Il s'agirait du plus grand élevage du département en matière de cheptel, les plus gros comptent environ 1 300 truies ! », s'était alarmé un éleveur de brebis au journal en ligne *Reporterre*.

Pris le doigt dans la confiture, les Norvégiens de Smart Salmon ont finalement décidé de jeter l'éponge et ont retiré leur dossier le 31 octobre 2024.

Même scénario à Boulogne-sur-Mer, où les Français de Local Ocean, dirigés par un groupe immobilier, planifient de produire aussi 10 000 tonnes de saumon chaque année. Et le même encore à Verdon-sur-Mer qui se trouve en Gironde avec Pure Salmon.

Créée en 1989 et appartenant à Veolia jusqu'en 2021, Pure Salmon est une entité qui siège à Abu Dhabi et qui appartient aujourd'hui au fond 8F, basé à Singapour. Pure Salmon, leader mondial dans son domaine, vient de lever 460 millions de dollars au Japon pour la construction de structures d'aquaculture terrestre dans la ville de Tsu, mais on la retrouve aussi aux États-Unis, en Pologne et à Brunei entre autres. Son ambition est une production de 260 000 tonnes par an et des projets dans au moins huit pays.

À Verdon-sur-Mer, les opposants ont fondé en 2022 l'association « Eaux Secours Agissons » pour dénoncer le projet. Pure Salmon a bombé le torse et attaqué l'association ainsi que ses deux responsables Esther Dufaure et Alice Soulié pour diffamation suite à une pétition qui avait attiré 47 000 signatures. Pure Salmon leur a réclamé 32 000 euros de préjudice. Mais un an plus tard, la firme aboudabienne-singapourienne a été déboutée en appel et condamnée à verser 6 000 euros aux défendeurs. « On doit se questionner sur nos modes de consommation de poisson, parce qu'on consomme beaucoup, beaucoup trop de poisson », affirme Esther Dufaure qui poursuit le combat car, à l'heure actuelle, le projet est toujours en cours.

À Verdon-sur-Mer ou à Boulogne-sur-Mer, les dispositifs sont vantés comme proposant des environnements sans stress pour les saumons. Or, si on sait que dans une cage au fond d'un fjord en Norvège, les saumons sont serrés avec une densité moyenne de 10 kg par mètre cube, le système RAS quant à lui enferme les poissons avec une densité cinq fois supérieure pour être rentable. Pis, selon un rapport de l'association internationale des exploitants de saumons, la densité moyenne dans les cuves tournerait autour des 80 kg par mètre cube ! Et comme si ça ne suffisait pas, AquaMaof a déjà tenté l'expérience d'une densité de 175 kg dans l'usine de Pure Salmon en Pologne !

Avec des chiffres aussi élevés, la moindre erreur est fatale. La moindre bactérie ou le moindre dysfonctionnement, et c'est la totalité des saumons qui succombent. C'est ce qui s'est passé en mars 2021 dans une ferme aquacole de Miami appartenant à Atlantic Sapphire. L'industriel a accusé une faiblesse de conception ce qui a causé la mort de 500 000 saumons d'un kilo en quelques minutes. Mais son usine de Hvide Sande au Danemark a connu pire. En février 2021, trop d'azote dans l'eau avait tué 227 000 bêtes et, en juillet de la même année, c'est 400 tonnes qui ont péri, soit 17 % de la production, à cause cette fois d'une erreur humaine.

La France, qui reste au cœur des convoitises mondiales, résiste tant bien que mal. Il n'existe pour le moment aucune réglementation spécifique aux animaux aquatiques concernant leur bien-être. Une « proposition de loi visant à instaurer un moratoire sur les projets de fermes aquacoles de saumons à circuit fermé » a été déposée le 18 mars 2025 par les députés Anne Stambach-Terrenoir et Damien Girard, avec Esther Dufaure, en appui, la même qui a « combattu » Smart Salmon en Gironde.

« Continuer à “sacrifier le bonheur” au profit
et à la puissance, à rester “un homme vide aux
mains pleines”, à justifier la définition de Thoreau :
“*improved means to unimproved ends*” ?
Ou bien, tandis qu'il en est temps encore,
peut-être, sans arrière-pensée, dans l'autre
direction, celle qui fait passer l'homme avant le
profit, la croissance spirituelle avant celle du PNB,
le bonheur vrai avant la religion de la production ? »

Théodore Monod,
Et si l'aventure humaine devait échouer, 2000

CONCLUSION

En 1979 a été mis en place dans l'Union européenne le Rapid Alert System for Food and Feed[1] (RASFF) qui a été créé pour assurer l'échange d'informations entre les pays membres. Selon la Commission européenne, « le système est constitué de points de contact dans tous les pays membres du RASFF, ainsi qu'au sein des organisations membres et de la Commission européenne, qui échangent des informations sur tout risque sanitaire ». En bref, à la moindre alerte, le message va droit au but en évitant les intermédiaires.

On doit à ce système plusieurs découvertes de problèmes sanitaires, dont la vache folle, les poulets à la dioxine belges ou les lasagnes à la viande de cheval en 2013. Cette fois, il s'agit d'une affaire qui a été levée en avril 2025. Des stéroïdes ont été détectés dans un lot de saumons arrivant en France en provenance du

1. Système d'alerte rapide pour les denrées alimentaires et les aliments pour animaux.

Royaume-Uni. Utilisés dans certains pays pour stimuler la croissance des saumons, aller plus vite et donc gonfler les profits, les stéroïdes sont pourtant interdits en pisciculture au Royaume-Uni. Ils pénètrent dans l'environnement et la chaîne alimentaire humaine en causant des dommages irréversibles au milieu aquatique et au corps humain, comme le développement de maladies telles que le cancer du sein, des ovaires et de la prostate.

Un rapport récent paru dans le *Toxicology Reports* décrit que l'utilisation abusive et excessive d'hormones stéroïdes chez les poissons devient un problème émergent à l'échelle mondiale.

Après une enquête publique, rien n'a montré que les poissons étaient dopés aux stéroïdes consciemment. L'enquête table sur une contamination fortuite des échantillons analysés. Mais il flotte dans l'air la tentation de reprendre le modèle du bœuf américain aux hormones.

La production exponentielle semble n'avoir aucune limite. L'élevage actuel est 115 fois supérieur à la plus grande quantité de saumons jamais pêchée en une année selon les données des Nations unies. Alors imaginez dans vingt ans, sans prise de conscience ! La taille du marché qui était estimée à 219 milliards de dollars à l'échelle mondiale en 2022 devrait dépasser 332 milliards de dollars d'ici 2032, selon la société d'analyse Precedence Research.

En 2021 déjà, six vols de la compagnie Qatar Aiways Cargo ont transporté vers Doha 1,3 million de tonnes de fruits de la mer, dont 95 % étaient constitués de saumons norvégiens. « La compagnie aérienne transporte plus de 125 tonnes de fruits de mer depuis Oslo chaque jour », s'était enorgueilli Rob Veltman, vice-président cargo Europe chez Qatar Airways. Cette même année, la compagnie avait même dû convertir des avions de passagers en cargos pour satisfaire la demande ! La facture en CO_2 est salée, surtout quand on sait que Doha peut ensuite redistribuer les caisses de poissons de l'autre côté de l'Asie.

Plus à l'est du golfe Persique, Dubaï a plutôt misé sur la production de saumons « faits à la maison ». Écloserie d'œufs issus de lignée de saumons d'Écosse, alevins placés dans des cuves remplies d'eau fraîche, dans un environnement « norvégien » en plein désert où la température flirte avec les 45 °C. Après la période de grossissement, l'entreprise, nommée Fish Farm, envoie ses petits poissons dans des cages plongées en mer dans lesquelles nageront ensemble des saumons, des bars et des thazards à queue jaune destinés à la vente aux consommateurs des Émirats arabes sous un label bio. Il faut savoir que les saumons issus des RAS ne peuvent pas être bio en Europe, car ils concentrent un nombre d'individus bien supérieur au seuil recommandé de 35 kg par mètre cube par le « cahier des charges concernant le mode de production et de préparation biologiques des espèces aquacoles » établi en 2007. Le poisson bio que vous aurez dans votre assiette proviendra par conséquent d'élevages nourris sans OGM, mais rien n'indique que le soja ne soit pas issu, par exemple, d'un déboisement quelconque. Les poissons de fourrage servant à la fabrication de la farine doivent, eux, provenir de pêche durable labellisée MSC (*Marine Stewardship Council*). Or l'ONG française Bloom a publié en 2020 avec des coauteurs des universités de New York (États-Unis) et de Dalhousie (Canada) une étude qui montre que « les méthodes de pêche les plus destructrices au monde, comme les chaluts de fond et les dragues, représentent 83 % des captures certifiées MSC entre 2009 et 2017 ». Par ailleurs, une autre enquête révèle que le MSC possède près de 40 millions d'euros en avoirs nets (bâtiments, dépôts bancaires, placements financiers, etc.), faisant du MSC une entreprise capitaliste classique cherchant le profit et très éloignée d'une association à but non lucratif.

Les pesticides sont aussi proscrits et l'emploi des poissons nettoyeurs est privilégié, ce qui tend à multiplier les prises de labres ou de lompes sauvages.

Concernant l'alimentation des saumons bio, tout n'est pas rose non plus. Elle se rapproche de celle du saumon sauvage et peut présenter des taux plus élevés de métaux lourds comme le mercure ou l'arsenic et même de certains pesticides issus des pollutions que l'on peut trouver dans les océans.

Enfin, porté comme une estocade, un rapport publié par l'association britannique WildFish en septembre 2023, intitulé *Responsibly Farmed?*, a montré qu'une ferme salmonicole certifiée biologique par la Soil Association, label bio, avait appliqué plusieurs traitements au pesticide chimique deltaméthrine, hautement toxique pour les espèces marines. « Un greenwashing inacceptable » pour une trentaine d'associations jointes au mouvement d'indignation.

Une solution existerait pour ceux qui ne pourraient pas se passer de saumon, avec le système d'élevage en aquaponie. Il combine l'élevage avec la culture de plantes où les déchets des poissons sont utilisés comme nutriments pour les plantes, et où l'eau est recyclée en continu. Présente en Normandie, l'aquaponie reste très anecdotique, comparée au marché mondial.

Longtemps dans le top 3 des snackings préférés des Français, le sushi à base de saumon est sorti de la liste des dix premiers. Néanmoins, le chiffre d'affaires du secteur reste encore de 728 millions d'euros, ce qui fait de notre pays le plus gros consommateur européen, avec 1 321 points de vente à emporter.

La prise de conscience en France s'amorcerait-elle donc? C'est encore tôt pour conclure à une véritable révolution. Malgré tout, dans le monde, des voix importantes émergent un peu partout pour tenter d'alerter.

C'est le cas au Danemark, où Jakob Clausen, propriétaire de la plus ancienne poissonnerie du pays, a été expulsé du conseil d'administration de l'Association danoise des poissonniers. Il avait dit dans une vidéo devenue virale, avec 600 000 vues en une semaine, qu'il ne vendrait plus de saumon d'élevage dans son entreprise. « Je ne peux pas, en toute conscience, continuer à vendre un produit qui, selon moi, ne respecte pas les normes d'une production alimentaire éthique et durable », avait-il déclaré, ajoutant : « Pour moi, l'entreprise est secondaire. Il s'agit d'avoir un impact durable. »

On retrouve cette même détermination parmi les poids lourds de Hollywood influents comme Leonardo DiCaprio, qui s'était impliqué avec les activistes contre les fermes à saumons de Tasmanie, mais aussi Joaquin Phoenix, végétalien depuis son enfance et qui lutte sans relâche contre toutes les formes de violences infligées aux animaux.

En Écosse, encore, 150 restaurants ont décidé de ne plus servir de saumon en rejoignant la campagne « Hors de ma table », tout comme la boulangerie la Maison Landemaine en France qui a décidé de ne plus servir de saumon, pour la préservation de l'océan.

Les lignes bougent, peu certes, mais elles bougent tout de même.

La filière du saumon a un avenir radieux. Les courbes annoncent une croissance annuelle de près de 9 %, pour atteindre environ 44,4 milliards de dollars en 2034. Rien ne semble arrêter cette croissance démentielle comme rien ne semble arrêter les empires internationaux tels SalMar, Cermaq, Lerøy Seafood ou Mowi.

Dernier exemple en date au moment même où ces lignes sont écrites, Mowi a été surpris par des images filmées par des drones utilisés par la Green Britain Foundation durant un mois. Dans une ferme piscicole sur le Loch Harport en Écosse, l'industriel a été accusé de 18 incidents de cruauté envers les animaux, notamment écrasés à coups de talon. Même si les autorités ont réagi en suspendant cette ferme écossaise de son programme de certification de bien-être animal, les saumons continueront à garnir nos assiettes.

Cette information ne fera pas la une des journaux et n'aura même pas droit à un entrefilet quelque part en France. D'ailleurs, ce fait divers n'existe déjà même plus et appartient déjà au passé. La rédaction de cet ouvrage, si elle se poursuivait, n'aurait aucune fin.

Pourtant, à Noël, vous mangerez du saumon. Il existe donc une rupture d'information volontaire entre les fermes de production et les étals de supermarché.

Dans ce flou, les seuls capables de casser les codes sont les consommateurs, c'est-à-dire nous tous. Rien n'indiquera que les filets de saumon qui s'empileront au rayon frais en face de vous seront issus de saumons dont la tête a été écrasée par les talons d'un employé de Mowi, mais en revanche il ne tiendra qu'à vous de décider si vous voulez participer à cette entreprise du déclin, ou alors agir en tant que responsable de cette planète afin de réconcilier l'humain, l'animal et la nature.

« La force du feu,
le goût du saumon,
la trace du soleil,
et la vie qui ne s'en va jamais,
ils me parlent.
Et mon cœur s'envole. »

Extrait de « My Heart Soars » de Chief Dan George
(1899-1981), né Geswanouth Slaholt,
chef de la nation Tsleil-Waututh au Canada

REMERCIEMENTS

Je tiens à remercier Julien Moreau, que j'ai connu sur les bancs de la faculté de Lille et sans qui ce livre n'aurait jamais vu le jour aujourd'hui, l'association Seastemik pour leur soutien indéfectible, Natalia Briceno-Lagos pour son travail extraordinaire au Chili, Marie Nevoux pour sa disponibilité, l'association Norges Miljøvernforbund, mais aussi Ruben Mjelde Oddekalv, Didier Gascuel, Askla Berge, Nicolas « JomSmims » Carsel, le Norvegian Seafood Council, Animal Equity UK, John Aitchison, Rolf De Heer, Jamie Moyes, Don Staniford, Maxime de Rostolan, Loïc Faujour et Antoine Duhamel.

Agnès Vidalie et Christian Duplan pour leur relecture, leurs remarques bienveillantes et leur professionnalisme.

Ma femme et mes enfants pour leur patience.

Je dédie tout particulièrement ce livre à mon père Jean-Paul Carsel récemment disparu et qui aurait sans doute eu mille questions à me poser.

RÉFÉRENCES

Introduction

Salmon Market Report, Global Editions, 2025, https://www.cognitivemarketresearch.com/

Chapitre 1

Cairns D. K., « An evaluation of possible causes of the decline in pre-fishery abundance of North American Atlantic salmon », Moncton, Gouvernement du Canada, ministère des Pêches et des Océans, 2001.

Malbrouck C. *et al.*, « Projet Meuse Saumon 2000 : rapport final », Ministère de la Région wallonne, Direction générale des Ressources naturelles et de l'Environnement ; FUNDP & Université de Liège, 2007.

Genevoix M., *Routes de l'aventure*, Paris, Flammarion, 1959, p. 241.

Davidsen J. G. *et al.*, « Homing behaviour of Atlantic salmon (Salmo salar) during final phase of marine migration and river entry », *ICES Journal of Marine Science*, 2013, p. 1284-1293.

Dittman A. H., Quinn T. P., « Homing in Pacific Salmon: Mechanisms and Ecological Basis », *Fish Physiology*, 1986, p. 73-96.

Baglinière J.-L. *et al.*, « Caractéristiques biologiques et écologiques des populations de saumon atlantique (*Salmo salar*) en France », Rennes, INRA, 1987.

Rivot É., Prévost É., Cuzol A., Baglinière J.-L., Parent É. *et al.*, « Hierarchical Bayesian modelling with habitat and time covariates for estimating riverine fish population size by successive removal method », *Canadian Journal of Fisheries and Aquatic Sciences*, 2008, p. 1170-1184.

Cousteau J.-Y., Paccalat Y., *Saumons, castors et loutres*, Paris, Flammarion, 1978.

Bocherens H., Baryshnikov G., Van Neer W., « Were bears or lions involved in salmon accumulation in the Middle Palaeolithic of the Caucasus? An isotopic investigation in Kudaro 3 cave », *Quaternary International*, 2011, p. 74-83.

Donas L. R., « Poissons et contours de type pisciforme dans l'art pariétal paléolithique », *Bulletin de la Société Royale Belge d'Anthropologie et de Préhistoire*, 1987, p. 91-132.

Dunouau O., *La pêche du saumon dans les Basses-Pyrénées*, Pau, Imprimerie Vignancour, 1925.

Lacombe J., *Encyclopédie méthodique. Dictionnaire de toutes les espèces de pêches*, Paris, Panckoucke, 1796.

Estimations d'après G. d'Avenel, *Histoire économique de la propriété, des salaires, des denrées et de tous les prix en général, depuis l'an 1200 jusqu'en l'an 1800*, Paris, Imprimerie nationale, 1894.

Cambry J., *Voyage dans le Finistère ou État de ce département*, Paris, Imprimerie-Librairie du Cercle Social, an III (1795).

Magna Carta, 1215, article 23, en ligne: https://www.nationalarchives.gov.uk (consulté en juin 2025).

Parlement britannique, *Salmon Act*, Royaume-Uni, 1986, section 32. En ligne: https://www.legislation.gov.uk/ukpga/1986/62/section/32 (consulté en juin 2025).

Union internationale pour la conservation de la nature (UICN), « Les poissons d'eau douce illustrent l'escalade des impacts climatiques sur les espèces », 11 décembre 2023. En ligne: https://www.iucn.org (consulté en juin 2025).

« Il se passe quelque chose au-delà: ils doutent de l'interdiction de pêche du saumon en Bretagne », *Ouest-France*, 25 novembre 2024.

Leprévost G., « Saumon atlantique: anatomie d'une chute, symbole d'une biodiversité chamboulée », *La Brèche*, août-octobre 2024.

Chapitre 2

Stavrum G., *Storeulv : En uautorisert biografi om John Fredriksen*, Gyldendal, 2006.
« Will Fredriksen Group set sail for Cyprus? », *Knews*, 11 avril 2024.
« Shipping magnate Fredriksen in eye of storm », *Reuters*, 26 mai 2011.
https://mowi.com/about-us/our-history
Berge A., *Goldfinger: The History of Mowi*, Octavia, 2024.
« The salmon farming pioneers: the Vik brothers », 20 septembre 2017, https://www.salmonbusiness.com
Osland E., *Bruke havet – pionértid i norsk fiskeoppdrett*, Éditions Det Norske Samlaget, 1990.
Berge A., *Salmon Fever*, Octavian.
« Negative perception of Marine Harvest behind switch to Mowi », *Intrafish.com*, 11 mars 2019.
www.folketrygdfondet.no

Chapitre 3

La Commission adresse une communication des griefs à six entreprises dans une affaire d'entente sur le saumon atlantique d'élevage. 24 janvier 2024. https://ec.europa.eu/commission/presscorner/detail/fr/ip_24_405
« En svak krone og inflaterte priser blåste sjømateksporten opp til 172 milliarder kroner », *iLaks.com*, 1er avril 2024.

« Nå advarer myndighetene mot for mye laks », www.dagbladet.no, 16 juin 2013.
« Association of maternal fish consumption and ω-3 supplement use during pregnancy with child autism-related outcomes: results from a cohort consortium analysis », *The American Journal of Clinical Nutrition*, Elsevier, septembre 2024.
« Global assessment of organic contaminants in farmed salmon », *Science*, 9 janvier 2004.
« Copepods fossil points to older age », *Nature Middle East*, 26 août 2010.
Morton A., Routledge R., Peet C., Ladwig A., « Sea lice infection rates on juvenile pink and chum salmon in the nearshore marine environment of British Columbia, Canada », *Canadian Journal of Fisheries and Aquatic Sciences*, février 2004.
« Counting the true cost of combatting sea lice », 21 août 2019, thefishsite.com
« Status of wild Atlantic salmon in Norway 2024 », Norwegian Scientific Advisory Committee for Atlantic Salmon, https://www.vitenskapsradet.no
« Norwegian Fish Health Report 2023 », mars 2024, Veterinaerinstituttet, https://www.vetinst.no
Parsons A. E., Escobar-Lux R. H., Sævik P. N., Samuelsen O. B., Agnalt A.-L., « The impact of anti-sea lice pesticides, azamethiphos and deltamethrin, on European lobster (Homarus gammarus) larvae in the Norwegian marine environment », *Environmental pollution*, septembre 2020.

« DCCEEW. Conservation advice for Zearaja Maugeana (Maugean Skate) », Australia, Department of Climate Change, Energy, the Environment & Water, 2023.

« Pesticides : PAN Europe demande l'interdiction immédiate de la deltaméthrine », www.agra.fr, 6 mars 2025.

Burridge L. E., Haya K., Waddy S. L., « The effect of repeated exposure to azamethiphos on survival and spawning in the American lobster (Homarus americanus) », *Ecotoxicology and Environmental Safety*, 2008, p. 411-415.

Barisic J., Cannon S., Quinn B., « Cumulative impact of anti-sea lice treatment (azamethiphos) on health status of Rainbow trout (Oncorhynchus mykiss, Walbaum 1792) in aquaculture », 7 novembre 2019.

« Scottish Sea Farms, "Reducing medicines in Salmon farming", Scottish Sea Farms: Vaccines and medicines », 14 octobre 2024.

Scottish Government, « Temperature, salinity and ocean acidification », Scotland's Marine Atlas Information for The National Marine Plan, 14 octobre 2024.

Scottish Government, « Information relating to the use of hydrogen peroxide in salmon farming: EIR release », 22 octobre 2020.

« Règlement (UE) N° 37/2010 de la commission relatif aux substances pharmacologiquement actives et à leur classification en ce qui concerne les limites maximales de résidus dans les aliments d'origine animale », 29 juin 2015.

Sousa Teixeira J. R. de, Macedo-Sampaio J. V. de, Peres Menezes F., Pereira B. F., Batistuzzo de Medeiros S. R., Luchiari A. C., « Embryotoxic effects of pesticides in zebrafish (Danio rerio): Diflubenzuron, Pyriproxyfen, and its mixtures », février 2024.

Hannisdal R., Nøstbakken O. J., Hove H., Madsen L., Horsberg T. E., Lunestad B. T., « Anti-sea lice agents in Norwegian aquaculture; surveillance, treatment trends and possible implications for food safety Author links open overlay panel », mai 2020.

Aissani H., « Effet protecteur de la vitamine C suite à une toxicité par un biopesticide Proclaim® chez le rat Wistar mâle. Paramètres biochimiques et histopathologie du foie », Université SAAD DAHLAB de Blida, 2013.

Wilding T., Black K., Hughes D., « The association between emamectin benzoate use and crustacean assemblages around Scottish fish-farms », University of the Highlands and Islands, 2017.

« R. Edwards, "Ministers bow to salmon industry pressure on toxic pesticide" », *The National*, 14 février 2024.

https://consult.gov.scot « New environmental quality standard (EQS) for emamectin benzoate (EmBz): consultation on the implementation timescales ».

Valla Jacobsen J., Steen K., Nilssen K. J., « Anaesthetic efficacy of Aqui-S, Benzoak, and MS-222 on lumpfish (Cyclopterus lumpus) fries. Impact from temperature, salinity, and fasting », 22 janvier 2019.

Barrett L. T., Overton K., Stien L. H., Oppedal F., Dempster T., « Effect of cleaner fish on sea lice in Norwegian salmon aquaculture: a national scale data analysis », *International Journal for Parasitology*, septembre 2020, p. 787-796.

Nilsen A., Viljugrein H., Røsæg M.V., Colquhoun D., « Rensefiskhelse-kartlegging av dødelighet og dødelighetsårsaker », *Veterinærinstituttets rapportserie*, 12, p. 74, 2014.

Boissonnot L., Karlsen C., Reynolds P., Austad M., Stensby-Skjærvik S., Remen M., Imsland A. K.D., « Welfare and survival of lumpfish (Cyclopterus lumpus) in Norwegian commercial Atlantic salmon (Salmo salar) production », *Aquaculture*, 15 juillet 2023.

Perry S. A., Fairchild E. A., Jellison B. M., « The effects of light, rearing density, and fish size in culturing juvenile Lumpfish », *North American Journal of Aquaculture*, octobre 2024, p. 401-412.

Stien L. H., Størkersen K. V., Gåsnes S. K., « Analysis of mortality data from survey on cleaner fish welfare », 17 juin 2020.

Grimsrud K.M., Nielsen H.M., Navrud S., Olesen I., « Households' willingness-to-pay for improved fish welfare in breeding programs for farmed Atlantic salmon », *Aquaculture*, 24 janvier 2013, p. 19-27.

« Mowi Sustainability Strategy – Leading The Blue Revolution Plan », 2024.

« Sea lice infestation levels decrease with deeper 'snorkel' barriers in Atlantic salmon sea-cages », 1er mars 2017, SCI – Where Science Meets Business.

« Snorkel sea-cage technology decreases salmon louse infestation by 75 % in a full-cycle commercial test », octobre 2019, *International Journal for Parasitology*.

« How much Scottish salmon is exported to the rest of the world ? », www.salmonscotland.co.uk

« Direct contribution of aquaculture to Scotland's economy is £472 millions ; up 154 % in a decade », salmonbusiness.com, 13 décembre 2023.

« Scottish farmed salmon accounts for nearly 30 percent of UK fish sales », *thefishsite.com*, 30 novembre 2024.

« Supersizing salmon farms in the coastal zone: A global analysis of changes in farm technology and location from 2005 to 2020 », sciencedirect.com, 15 mai 2022.

https://www.facebook.com/FishtheNess, The Ness Fishery Board, 24 janvier 2025.

« Cooke Aquaculture blames seals for farmed salmon escapes in Maine », *thefishsite.com*, 14 août 2023.

« Significant genetic changes in wild salmon », *sciencenorway.no*, 18 janvier 2024.

« Storm Ellen provided nearly 60 % of Britain's energy », *BBC*, 20 août 2020.

« Heavy precipitations and strong winds in storm Kirk exacerbated by both human-driven climate change and natural variability », *ClimaMeter*, 10 octobre 2024.

« Farm salmon escape event : levels of farm/wild hybridization », *Marine Directorate*, 15 décembre 2022.

« Fisheries Management Scotland Guidance: What to do if you capture a farmed fish ».

District Salmon Fishery Boards (DSFBs).

« Fiskeridirektoratet : Mowi anslår at 27 000 laks har rømt », *www.vg.no*, 10 février 2025.

« Salmon escape: Lerøy estimates 15,000 fish lost at Aukra site », *salmonbusiness.com*, 14 janvier 2025.

« Thousands of Atlantic salmon escape from fish farm into Pacific », *The Guardian*, 24 août 2017.

« How a salmon farm disaster changed Northwest aquaculture forever », www.hcn.org, 1er juillet 2022.

« Net growth at a Washington state salmon farm », youtube.com sur la page de KUOW, 18 janvier 2018.

« Divers' vidéos capture new suspects in salmon farm collapse », *kuow.org*, 18 janvier 2018.

https://www.dnr.wa.gov/publications/em_atlantic_salmon_jarpa_site_2_net_pen_rebuild.pdf.

« L'entreprise néo-brunswickoise Cooke Aquaculture visée d'intention de procès au Maine », *Radio-Canada*, 17 novembre 2024.

« Cooke Aquaculture USA est poursuivi dans le Maine pour ses élevages de saumon », *Radio-Canada*, 20 janvier 2025.

« New report shows positive impact of salmon industry on Scotland's island communities », *The Fish Site*, 18 août 2022.

« Argyll and Bute salmon exports hit six year high », *West Coast Today journal*, 26 mars 2025.

www.lochlongsalmon.com

« Revolutionary fish tank in the fjords that may save wild salmon », *The Times*, 16 octobre 2024.

www.longlivelochlinnhe.org.uk

« Community bands together to stop mega fish farm plans », *The Higlands Times*, 23 novembre 2023.

« Cooke Aquaculture Scotland buys Balta Island Seafare », www.seafoodsource.com, 6 septembre 2016.

« SAVE PAPAY! Halt the East Moclett Fish Farm on Papa Westray Campaign », sur *Change.org*.

« Papa Westray campaigners urge Scottish Government to immediately halt all salmon fish farm applications », *The Press and Journal*, 6 novembre 2022.
« First Minister confirms awards from Marine Fund Scotland », *www.gov.scot*, 7 octobre 2024.
« Salmon Scotland calls for urgent economic growth focus in Programme for Government », *salmonscotland.co.uk*, 3 septembre 2024.
« Salmon farmer's gift keeps island pupils up to date with digital learning », *fishfarmingexpert.com*, 9 décembre 2024.
Beck U., *La Société du risque. Sur la voie d'une autre modernité*, Éditions Champs essai, 2001.
Watson P., *Urgence! Il faut sauver les océans*, Glénat, 2020.
www.poisonpapers.org
Hites R. A., Foran J. A, Carpenter D. O., Hamilton M. C., Knuth B. A., Schwager S. J., « Global assessment of organic contaminants in farmed salmon », *Science*, 9 janvier 2004.
« Columbia River Fish Contaminant Survey », U.S. Environmental Protection Agency officials. 1996/1998.

Chapitre 4

« Taille du marché du poisson saumon – par espèce, par forme, par canal de distribution, prévisions,

2025-2034 », *Global Market Insights*, www.gminsights.com, février 2025.
Roscovich T., « Hard Evidence », publié le 27 août 2016.
Lien Twitter de la vidéo https://x.com/TheGAAIA/status/1899369704646742019
Loch Noir, Éditions Rouergue Noir, 2025.
« Shocking reality of modern fish farming inspired my new novel », *Sunday Express*, 15 septembre 2024.
« Probe over river "polluted with dead fish and blood" », *BBC*, 30 septembre 2024.
« Chris Packham threatens to quit RSPCA over salmon farm cruelty », *The Times*, 14 juillet 2024.
« Salmon farms file 210 appeals to "sabotage" lice controls », *The Ferret*, 26 mars 2025.
« Tasmanian salmon industry used more than 2,400 anti-seal explosives in three months », *The Guardian*, 22 août 2022.
Flanagan R., *Toxic, The Rotting Underbelly of the Tasmanian Salmon Industry*, Éditions Penguin, 2021.
« RSPCA certification withdrawn from salmon farming giant Huon Aquaculture », *ABC News*, 20 mars 2025.

Chapitre 5

« Fishmeal and fish oil: production and trade flows in the EU », *www.eumofa.eu*, septembre 2021.

Roberts S., Jacquet J., Majluf P., Hayek M. N., « Feeding global aquaculture », *Science Advances*, 16 octobre 2024.

Cashion T., Le Manach F., Zeller D., Pauly D., « Most fish destined for fishmeal production are food-grade fish », *Fish & Fisheries*, 13 février 2017.

https://www.iffo.com/fifo-data

« Faut-il acheter du saumon fumé sauvage ou d'élevage ? », *Le Parisien*, 23 décembre 2020.

« The smell of money: why locals think Peru's billion-dollar fishmeal sector stinks », *The Guardian*, 21 janvier 2022.

Flanagan R., *Toxic, The Rotting Underbelly of the Tasmanian Salmon Industry*, *op. cit.*

Błaszczyk A., « DNA damage induced by ethoxyquin in human peripheral lymphocytes », *Toxicology Letters*, 5 mai 2006, p. 77-83.

https://uicn.fr/liste-rouge-mondiale

Benn A. R., Weaver P. P., Billet D. S. M., Hove S. van den, Murdock A. P., Doneghan G. B., Le Bas T., « Human activities on the deep seafloor in the North East Atlantic: an assessment of spatial extent », 13 septembre 2010.

« Illicit migration to Europe », *Global Initiative Against Transnational Organized Crime*, 8 mai 2015.

« Protect the Oceans - Protect fishing communities », https://pages.greenpeaceafrica.org/protect-west-africa-fish

Deme E. H. B., Dème M., « Mise en marché des petits pélagiques côtiers au Sénégal : Formes de valorisation et enjeux autour de la ressource », *University of Portsmouth*, décembre 2021.

https://seastemik.org

« La mystérieuse maladie des pécheurs sénégalais : la coupable est une microalgue marine toxique », *IRD.fr*, 13 février 2025.

« Sénégal : le village de Fass Boye pleure ses fils morts en mer », *AfricaNews.com*, 13 août 2023.

« “Le navire de l’enfer”, le plus grand chalutier du monde », *La Charente Libre*, 31 janvier 2024.

https://globalinitiative.net

« Le Sénégal publie une liste de 151 bateaux de pêche agréés, polémique sur les équipages étrangers », *RFI*, 8 mai 2024.

Gutierrez M., Daniels A., Jobbins G., Gutierrez Almazor G., Montenegro C., « China distant water fishing fleet – Scale, impact and governance », *Overseas Development Institute*, juin 2020.

« Pêche illégale : sept chalutiers chinois aux mains de la marine sénégalaise », *AfricaNews.com*, 13 août 2017.

https://www.facebook.com/Daddy.Njie

« Coalition contre les usines de farine de poisson : Mémorandum contre les usines de farine et d’huile de poissons », *maritimafrica.com*, 7 juin 2024.

« Rapport statistique annuel des exportations de produits de la pêche année 2022 », Direction des industries de transformation de la pêche.

« Senegal's exports of fishmeal and fish oil "explode" », *Coalition For Fair Fisheries Arrangments*, 13 juin 2024.

« Le phytoplancton, capteur de CO_2 à l'avenir incertain », *www.ipsl.fr*, 12 juillet 2022.

« Antarctic krill sequester similar amounts of carbon to key coastal blue carbon habitats ».

« Sea Shepherd catches super trawlers stealing food from mega pod of over one hundred fin whales in Antarctica », *www.seashepherdglobal.org*, 9 mars 2023.

Journal de H.D Thoreau, 22 octobre 1837 – 31 décembre 1840.

« Soy conversion factors », The Round Table on Responsible Soy Association (RTRS).

« Brésil : le Cerrado, un paradis en sursis », *National Geographic*, 23 mars 2025.

Daugeard M., « Nouvelles menaces sur le Code forestier au Brésil ? », *Le Club de Mediapart*, 2 mai 2019.

Rajão R., Soares-Filho B., Nunes F., Börner J., Machado L., Assis D., Oliveira A., Pinto L., Ribeiro V., Rausch L., Gibbs H., Figueira D., « The rotten apples of Brazil's agribusiness. Brazil's inability to tackle illegal deforestation puts the future of its agribusiness at risk », *Science*, 17 juillet 2020.

« Les banques françaises financent massivement la déforestation de l'Amazonie », *disclose.ngo*, 28 novembre 2022.

Rapport « Carrefour nous enfume », *www.mightyearth.org*

« UE-Mercosur : "Emmanuel Macron n'a rien fait pour enterrer l'accord" », *Le Monde*, 9 décembre 2024.

« Rapport de la commission d'évaluation du projet d'accord UE Mercosur », *info.gouv.fr*

« Le "terrible trio" : Bunge, Cargill et JBS classées parmi les pires entreprises pour la déforestation au Brésil », *mightyearth.org*, 6 décembre 2024.

https://soyandcattlemonitor.mightyearth.org

« En Amazonie, un record historique de feux de forêt en 2024 », *reporterre.net*, 2 janvier 2025.

Message de Raoni à la 5e édition du festival Climax de Bordeaux en 2019.

« IARC Monographs "evaluation of five organophosphate insecticides and herbicides », *World Health Organization*, 20 mars 2015.

Bombardi L. M., « Geografia do Uso de Agrotóxicos no Brasil e Conexões com a União Europeia », University of São Paulo, novembre 2017.

« Mordue de viande », *Greenpeace*, juin 2019.

« Comment Syngenta a ignoré les avertissements pour garder son pesticide toxique sur le marché », *www.publiceye.ch*, 24 mars 2021.

« Agrochemicals & commercial seeds », *ETC Group*, septembre 2022.
« More than 2,100 land and environmental defenders killed globally between 2012 and 2023 », *Globalwitness*, 10 septembre 2024.
« Landless movement leader assassinated in Brazilian Amazon », *mongabay.com*, 15 octobre 2018.
https://mst.org.br
« Lutte contre la déforestation : poussé par la droite et l'extrême droite, le Parlement européen reporte la loi ».

Chapitre 6

Sakai M., Ishida K.-I., « The Pacific salmon ranching in the Southern Chile: Evaluation of a Project-type technical cooperation by JICA », https://lc.cx/lv-lvb
Hosono A., Iizuka M., Katz J., « Chile's Salmon Industry, Policy Challenges in Managing Public Goods. », https://lc.cx/A0X8GL
Portail de l'Intelligence économique, https://lc.cx/pkfjtY
« PandaLeaks: The Dark Side of the WWF », Wilfried Huismann, 2014.
« Salmonicultur en Chile : La Agonia 2.0 », *El estado sanitario de la industria salmonera en Chile*, p. 32, décembre 2012.
« En Chile, el salmón es fuente de polémica y oposición », *New York Times*, 13 août 2024.

« 95 casos de sobreproducción de salmones en reservas nacionales sin sanción », *Fundacion Terram*,
https://www.aqua.cl/dra-sandra-bravo-es-altamente-relevante-la-educacion-en-bienestar-animal-de-los-profesionales
« New diver death in the work of the Chilean salmon exporting industry during 2023 », *Ecoceanos.cl*, 23/10/2023, https://www-ecoceanos-cl.translate.goog/2023/10/new-diver-death-in-the-work-of-the-chilean-salmon-exporting-industry-during-2023/?_x_tr_sl=auto&_x_tr_tl=fr&_x_tr_hl=fr&_x_tr_pto=wapp
« "Salmones de sangre" : Dos buzos muertos en una semana en centros de cultivos », *elciudadano.com*, 26 avril 2025, https://www.elciudadano.com/actualidad/salmones-de-sangre-dos-buzos-muertos-en-una-semana-en-centros-de-cultivos/04/26/
Briceno-Lagos N., « De l'enchantement à la disqualification. Trajectoires professionnelles et expériences vécues des ouvriers et ouvrières de l'industrie du saumon en Patagonie chilienne », p. 169, mars 2023.
« Salmones de sangre : 77 trabajadores de la industria salmonera han muerto en accidentes laborales según reporte de Ecoceanos », *elciudadano.com*, 27 septembre 2023.
Briceno-Lagos N., *ibid.*, p. 68.
« Estudio científico contradice informe de Academia Chilena de Ciencias y sostiene que vertimiento de salmones sí influyó en marea roja de 2016 », *Fundaciun Terram*, 26 juillet 2021.

« Organizaciones sociales llaman a no comprar salmón chileno », *El Ciudano*, janvier 2017.
« What you can learn about salmon from its packaging », *The Washington Post*, 24 juillet 2024.
« Encuesta pionera revela que el 12% de los chilenos consume salmón », *www.infosalmon.cl*, 11 juillet 2024.
Hartingera S. M., Yglesias-Gonzáleza M., Blanco-Villafuertea L., Palmeiro-Silvab Y. K., Lescanoa A. G., Stewart-Ibarrad A., « The 2022 South America report of *The Lancet* Countdown on health and climate change: trust the science. Now that we know, we must act », *The Lancet*, avril 2023.
Dignidad A., « Programa de Gobierno ».
« Traité sur la haute mer : les Palaos et le Chili sont les premiers pays à ratifier l'accord visant à protéger les eaux internationales », *Euronews*, 24 janvier 2024.
Greenpeace, « Nueva invalidación de centro salmonero en la Patagonia chilena », 21 juillet 2023.

Chapitre 7
pinkbombs.org
« Le saumon atlantique, un animal sentient à protéger », *welfarm.fr*
« Filière piscicole : les chiffres clés », *pisciculteurs-de-france.fr*
« Une ferme-usine de saumons menace les eaux bretonnes », *reporterre.net*, 23 février 2022.
https://douriou-gouez.fr

« Étude sur la pisciculture en circuit "recirculé", Rapport final 2019 », www.franceagrimer.fr
« The Evolution of Land Based Atlantic Salmon Farms », https://aquaculture.ca
« Pure Salmon lance une "procédure bâillon" contre les opposantes à sa mégaferme à saumons en Gironde », *Rue89Bordeaux.com*, 1er juillet 2023.
« Pure Salmon déboutée en appel dans sa procédure contre les opposants à sa ferme au Verdon », *Rue89Bordeaux.com*, 20 janvier 2025.
« 8F Asset Management secures $460 millions funding for Soul of Japan and Pure Salmon Technology », *AquaFeed.com*, 8 janvier 2025.
« 23 months from egg to harvest, this salmon has grown 200 miles from the sea », *salmonbusiness.com*, 27 novembre 2019.
« Major mortality incident at flagship salmon RAS », *thefishsite.com*, 24 mars 2021.
« Atlantic Sapphire reports another mass mortality », *thefishsite.com*, 12 juillet 2021.

Conclusion

« Alert issued after steroids found in salmon bound for France », *The Herald Scotland*, 13 avril 2025.
Islam P., Hossain Md. I., Khatun P., Masud R. I., Tasnim S., Anjum M., Islam Md. Z., Nibir S. S., Rafiq K., Islam Md. A., « Steroid hormones in fish, caution for present and future: A review », *Toxicology Reports*, 13 décembre 2024.

« Qatar Airways Cargo sets salmon record », *www.aircargonews.net*, 9 mai 2022.

Le Manach F., Jacquet J., Bailey M., Jouanneau C., Nouvian C., « Small is beautiful but large is certified », 30 avril 2020.

« Why is the Marine Stewardship Council hoarding its cash ? », *www.intrafish.com*, 19 février 2020.

Budiati T., « The presence of arsenic as heavy metal contaminant on salmon: a risk assessment », *Australian Journal of Basic and applied sciences*, janvier 2010.

« "Unacceptable greenwashing": Scottish farmed salmon should not be labelled organic, say charities », *The Guardian*, 30 janvier 2024.

« Le marché du sushi – France (2024) », *businesscoot.com*, 19 novembre 2024.

« "We won't serve it": leading UK chefs join campaign to cast farmed salmon off menu », *The Guardian*, 14 octobre 2023.

« Taille du marché du poisson saumon », *Global Market Insights*, février 2025.

« Watch: Organic salmon farm suspended by RSPCA for "beating" fish to death », *The Telegraph*, 17 mai 2025.

TABLE

PAPIER CERTIFIÉ

Achevé d'imprimer par Rotativas de Estella,
en septembre 2025
Dépôt légal : octobre 2025

Imprimé en Espagne